U0380832

德清扫蚕花地

德清扫蚕花地

总主编 金兴盛

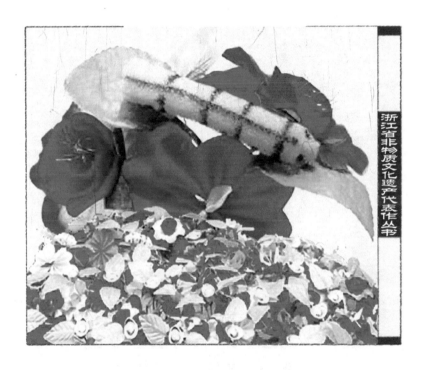

浙江省非物质文化遗产代表作丛书

费莉萍 主编
周江鸿 编著

浙江摄影出版社

总 序

中共浙江省省委书记　夏宝龙
省人大常委会主任

　　非物质文化遗产是人类历史文明的宝贵记忆，是民族精神文化的显著标识，也是人民群众非凡创造力的重要结晶。保护和传承好非物质文化遗产，对于建设中华民族共同的精神家园、继承和弘扬中华民族优秀传统文化、实现人类文明延续具有重要意义。

　　浙江作为华夏文明发祥地之一，人杰地灵，人文荟萃，创造了悠久璀璨的历史文化，既有珍贵的物质文化遗产，也有同样值得珍视的非物质文化遗产。她们博大精深，丰富多彩，形式多样，蔚为壮观，千百年来薪火相传，生生不息。这些非物质文化遗产是浙江源远流长的优秀历史文化的积淀，是浙江人民引以自豪的宝贵文化财富，彰显了浙江地域文化、精神内涵和道德传统，在中华优秀历史文明中熠熠生辉。

　　人民创造非物质文化遗产，非物质文化遗产属于人民。为传承我们的文化血脉，维护共有的精神家园，造福子孙后代，我们有责任进一步保护好、传承好、弘扬好非物质文化遗产。这不仅是一种文化自觉，是对人民文化创造者的尊重，更是我们必须担当和完成好的历史使命。对我省列入国家级非物质文化遗产保护名录的项目一项一册，编纂"浙江省非物质文化遗产代表作丛书"，就是履行保护传承使命的具体实践，功在当代，惠及后世，有利于群众了解过去，以史为鉴，对优秀传统文化更加自珍、自爱、自觉；有利于我们面向未来，砥砺勇气，以自强不息的精神，加快富民强省的步伐。

党的十七届六中全会指出，要建设优秀传统文化传承体系，维护民族文化基本元素，抓好非物质文化遗产保护传承，共同弘扬中华优秀传统文化，建设中华民族共有的精神家园。这为非物质文化遗产保护工作指明了方向。我们要按照"保护为主、抢救第一、合理利用、传承发展"的方针，继续推动浙江非物质文化遗产保护事业，与社会各方共同努力，传承好、弘扬好我省非物质文化遗产，为增强浙江文化软实力、推动浙江文化大发展大繁荣作出贡献！

（本序是夏宝龙同志任浙江省人民政府省长时所作）

前 言

浙江省文化厅厅长 金兴盛

国务院已先后公布了三批国家级非物质文化遗产名录，我省荣获"三连冠"。国家级非物质文化遗产项目，具有重要的历史、文化、科学价值，具有典型性和代表性，是我们民族文化的基因、民族智慧的象征、民族精神的结晶，是历史文化的活化石，也是人类文化创造力的历史见证和人类文化多样性的生动展现。

为了保护好我省这些珍贵的文化资源，充分展示其独特的魅力，激发全社会参与"非遗"保护的文化自觉，自2007年始，浙江省文化厅、浙江省财政厅联合组织编撰"浙江省非物质文化遗产代表作丛书"。这套以浙江的国家级非物质文化遗产名录项目为内容的大型丛书，为每个"国遗"项目单独设卷，进行生动而全面的介绍，分期分批编撰出版。这套丛书力求体现知识性、可读性和史料性，兼具学术性。通过这一形式，对我省"国遗"项目进行系统的整理和记录，进行普及和宣传；通过这套丛书，可以对我省入选"国遗"的项目有一个透彻的认识和全面的了解。做好优秀传统文化的宣传推广，为弘扬中华优秀传统文化贡献一份力量，这是我们编撰这套丛书的初衷。

地域的文化差异和历史发展进程中的文化变迁，造就了形形色色、别致多样的非物质文化遗产。譬如穿越时空的水乡社戏，流传不绝的绍剧，声声入情的畲族民歌，活灵活现的平阳木偶戏，奇雄慧黠的永康九狮图，淳朴天然的浦江麦秆剪贴，如玉温润的黄岩翻簧竹雕，情深意长的双林绫绢织造技艺，一唱三叹的四明南词，意境悠远的浙派古琴，唯美清扬的临海词调，轻舞飞扬的青田鱼灯，势如奔雷的余杭滚灯，风情浓郁的畲族三月三，岁月留痕的绍兴石桥营造技艺，等等，这些中华文化符号就在我们身边，可以感知，可以赞美，可以惊叹。这些令人叹为观止的丰厚的文化遗产，经历了漫长的岁月，承载着五千年的历史文明，逐渐沉淀成为中华民族的精神性格和气质中不可替代的文化传统，并且深深地融入中华民族的精神血脉之中，积淀并润泽着当代民众和子孙后代的精神家园。

岁月更迭，物换星移。非物质文化遗产的璀璨绚丽，并不意味着它们会永远存在下去。随着经济全球化趋势的加快，非物质文化遗产的生存环境不断受到威胁，许多非物质文化遗产已经斑驳和脆弱，假如这个传承链在某个环节中断，它们也将随风飘逝。尊重历史，珍爱先人的创造，保护好、继承好、弘扬好人民群众的天才创造，传承和发展祖国的优秀文化传统，在今天显得如此迫切，如此重要，如此有意义。

非物质文化遗产所蕴含着的特有的精神价值、思维方式和创造能力，以一种无形的方式承续着中华文化之魂。浙江共有国家级非物质文化遗产项目187项，成为我国非物质文化遗产体系中不可或缺的重要内容。第一批"国遗"44个项目已全部出书；此次编撰出版的第二批"国遗"85个项目，是对原有工作的一种延续，将于2014年初全部出版；我们已部署第三批"国遗"58个项目的编撰出版工作。这项堪称工程浩大的工作，是我省"非遗"保护事业不断向纵深推进的标识之一，也是我省全面推进"国遗"项目保护的重要举措。出版这套丛书，是延续浙江历史人文脉络、推进文化强省建设的需要，也是建设社会主义核心价值体系的需要。

在浙江省委、省政府的高度重视下，我省坚持依法保护和科学保护，长远规划、分步实施，点面结合、讲求实效。以国家级项目保护为重点，以濒危项目保护为优先，以代表性传承人保护为核心，以文化传承发展为目标，采取有力措施，使非物质文化遗产在全社会得到确认、尊重和弘扬。由政府主导的这项宏伟事业，特别需要社会各界的携手参与，尤其需要学术理论界的关心与指导，上下同心，各方协力，共同担负起保护"非遗"的崇高责任。我省"非遗"事业蓬勃开展，呈现出一派兴旺的景象。

　　"非遗"事业已十年。十年追梦，十年变化，我们从一点一滴做起，一步一个脚印地前行。我省在不断推进"非遗"保护的进程中，守护着历史的光辉。未来十年"非遗"前行路，我们将坚守历史和时代赋予我们的光荣而艰巨的使命，再坚持，再努力，为促进"两富"现代化浙江建设，建设文化强省，续写中华文明的灿烂篇章作出积极贡献！

2013年11月20日

目录

溯源及历史沿革

扫蚕花地虽是源于德清民间的小歌舞，清末民初，却曾成为杭嘉湖蚕区广泛流传的重要蚕桑文化习俗之一，其主要的表演艺人都集中于德清一带。这种娱神祈愿、讨彩头、图吉利的民俗活动由来已久，还与古代蚕神信仰和祛蚕祟的驱赶巫术有着深厚的渊源关系，同时也保存了丰富多彩的传统民俗文化内涵。

溯源及历史沿革

[壹]扫蚕花地的起源

中国是世界上最早开启蚕桑文明的国家。1921年，瑞典人安特生（Anderson）在辽宁沙锅屯仰韶文化遗址发现了大理石蚕。1927年，在山西夏县西阴村灰土岭遗址发现了距今四千多年的半割切蚕茧，品种与桑蟥茧近似。1958年，在浙江湖州钱山漾新石器遗址发

两千二百年前的蚕形昆虫双联陶罐 （选自《文物》杂志）

陶蚕蛹 （选自《文物》杂志）

现出土了一批四千七百年前的丝织品，有未炭化而呈黄褐色的绢片，已炭化但仍有韧性的丝带、丝线等，经鉴定为家蚕丝。1960年，在山西芮城县西王村仰韶文化遗址晚期地层发现了陶蚕蛹。石蚕和陶蚕蛹是原始社会对蚕产生巫术崇拜的见证，商朝以后历代都有王宫祭祀蚕神的风俗。这一切都证明中国黄河、长江流域先民经长期采用野蚕丝的实践，至新石器时代晚期已成功将野蚕驯化为家蚕，养蚕历史至今长达四五千年。

中国自古以农桑立国，几千年来，植桑养蚕在中国古代社会经济生活中占有重要地位，并积淀了丰富多彩的蚕桑文化。《诗经》中就有许多描写蚕桑的诗篇,《全唐诗》有四百九十多首描绘蚕业的诗歌,而内容涉及桑文化、桑意象的字句更不胜枚举,如扶桑、神桑、桑干、桑柘、桑田,等等。蚕桑文明的形成可以追溯到有文字记载前的史前,其重要影响一直延续到明清社会。

从《诗经》、《禹贡》等文献看,先秦时期蚕桑生产已遍及华夏大地。湖州境内植桑的源头可追溯至公元前两千七百五十年以前,先民取以育蚕,成为生计之一。民间百姓祀蚕神、蚕崇拜与蚕信仰之习俗根深蒂固。2008年被列入第二批国家级非物质文化遗产保护名录的"蚕桑习俗"(扫蚕花地)起源于德清,是广泛流传于江南杭嘉湖蚕区的重要蚕俗之一。《中华舞蹈志》中有如此注释:"扫蚕花地是流传在浙江杭嘉湖地区蚕桑生产农村的民间小歌舞。起源于湖州德清县,清末年间至20世纪50年代最为繁荣。"

江南杭嘉湖地区物阜民丰,民风淳朴,百姓以农桑养家糊口。千百年来,地方上还完好地保存着许多蚕桑文化习俗,有关蚕花的民间风俗就带有鲜明的地域文化色彩。人们世世代代爱唱蚕花歌,爱看蚕花戏,无论是老媪、黄花闺女,还是姑嫂妯娌、新娘子,平时都爱在自己头上戴一朵鲜艳漂亮的蚕花。过年时,要扫蚕花地、点蚕花灯、点蚕花火。年初一早晨起得晏(迟)一点,名曰"焐蚕花"。结婚大喜日子要点蚕花蜡烛,老太太过世要盘蚕花。旧时逛庙会,男女老少热热闹闹轧一回蚕花。祭祀仪式中要接蚕花、送蚕花,乡民

祭祀蚕花娘娘

路上见面，相互拱手祝愿，常说一句话："蚕花廿四分！"

所谓蚕花，有多种说法。有人将刚刚孵出的幼蚕蚁（乌蜺wū ní）叫蚕花，因为蚕蚁极小，形似细小蚂蚁。有人把蚕茧的收成叫蚕花，当地养蚕，养到"出火"的时候，气温渐暖，蚕室内取消炭盆加温，此时要"捉眠头"，把正在休眠的大蚕宝宝捉出来用秤称一称，分别放进大蚕匾饲养。按当年的收成，1斤出火眠头能收8斤茧子，就称之为"蚕花八分"，这已是较好收成了。人们祝愿时说"蚕花廿四分"则是一种美好的希冀，期望蚕茧丰收。在德清方言里，又把一种在蚕月上市的小虾米叫做蚕花蜆，在吴语中，花与虾谐音，这又是一种说法。

较为通俗的解释，蚕花是古代人们从对蚕神的信仰和祭祀风俗演变而来的。当年，蚕乡人信仰蚕神，称之为蚕花娘娘，祭祀蚕花娘娘时，人人头上要戴一朵花，有彩纸款式的，也有用茧子或绸帛制作成信物的。有些地方还以这朵花象征和代表蚕花娘娘。人们都虔诚地将这朵花称呼为蚕花，凡与祭祀蚕花娘娘有关的各种风俗活动，也都挂上"蚕花"二字，如接蚕花、送蚕花、谢蚕花，等等。天长日久，蚕花就名正言顺地成为江南地区与蚕桑生产有关的各种传统习俗的代名词。

德清县为杭嘉湖蚕桑主产区之一，蚕桑生产历史古老而悠久。据1988年出土于德清武康镇上柏村大庙山的历史文物夹沙红灰陶纺轮来推断，德清蚕桑业的起源可追溯至距今五千年的马家浜文化晚期新石器时代。这里历来重农桑，到了明洪武、永乐、宣德年间，"敕县植桑报闻株数"，于是"穷僻壤无地不桑，季春孟夏时，无人不蚕，男妇昼夜勤苦，始获茧丝告成"（清康熙《德清县志》卷四《农桑》载）。清道光《武康县志》记录了养蚕从"浴种"到"布子"、"相种"的整个过程，说明人们已经掌握了一整套的养蚕技术。历代文人留下的众多养蚕诗歌，也说明了这一点。集众多蚕俗之大成的扫蚕花地最少也有一百余年历史，清康熙《德清县志》文字记载："清明时会社颇盛。"清嘉庆《德清县志》载："乾隆四十八年修先蚕祠，五十九年钦奉谕旨载入祀典。"先蚕祠，迎春庙内，乾隆四十八年知县什勒密修建，五十九年钦奉谕旨载入祀典，于每岁季春巳日官为致祭其议（注：祭品均照祭先农坛定制）。清道光年间的《湖州府

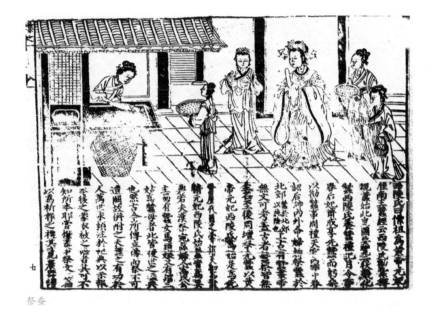

祭蚕

志》则有文人董蠡舟、沈炳震的《蚕桑乐府》关于"浴蚕"、"扩种"等叙述养蚕生产过程的歌词记载。这些历史文献的文字记载证明祀蚕活动在清代已盛行一时，还孕育了反映蚕事活动、生产过程及表达蚕农祈祷蚕茧丰收心愿的民间歌舞表演扫蚕花地。

扫蚕花地虽是源于德清民间的小歌舞，清末民初，却曾成为杭嘉湖蚕区广泛流传的重要蚕桑文化习俗之一，其主要的表演艺人都集中于德清一带。当年，德清本地蚕农为祈求蚕桑生产丰收，在每年春节、元宵、清明等传统节日，都乐意出钱请一批职业或半职业的民间艺人上门，在家中养蚕场所，举行扫蚕花地仪式。这种娱神

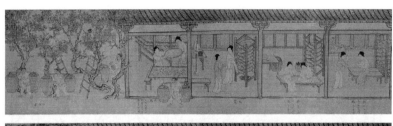

蚕织图 （南宋，楼琦《蚕织图》）

祈愿、讨彩头、图吉利的民俗活动由来已久，还与古代蚕神信仰和祛蚕崇的驱赶巫术有着深厚的渊源关系，同时也保存了丰富多彩的传统民俗文化内涵。

[贰]扫蚕花地的流变

一、扫蚕花地的流变

古人认为桑林是通天的地方，扶桑即传说中的通天之树，表现神树扶桑的形象非常之多。战国曾侯乙墓出土的漆盒上就有扶桑的图像，上有一人在树下引弓射鸟，推测为后羿的形象。汉代，扶桑的形象更多，在湖南长沙马王堆一号汉墓出土的帛画上有一棵扶桑树。这些桑树有的与神鸟连在一起，象征扶桑，还有采桑女或是桑篮图案。与现实中的桑树最为接近的是战国时期采桑狩猎战壶，上面刻画了人们在桑树之中采桑或桑下歌舞的情景。

中国植桑养蚕历史悠久，先民很早就注意到，蚕从吐丝、结茧、成蛹到化蝶，一生四变。这种动与静的变化（包括眠与起）引发了先人对天与地、生与死等人生重大问题的联想与思索。卵是生命的源头，孵化成幼虫就犹如生命的诞生，几眠几起就如同生命的几个阶段，蛹可看作是一种原生命的死，而蛹的化蛾飞翔则是人们想象的死后灵魂的去向了。

先民原始宗教意识和审美意识中的"蚕神崇拜"情结象征了生命的繁衍和轮回，蚕神成为中国女红神话中的偶像，是古人崇拜的神灵之一。在中国古代神话传说中，无论是伏羲化蚕、神农耕桑、嫘

古人采桑图

祖教民养蚕的故事，还是甲骨文记述的桑代武丁占卜求年，都与蚕神息息相关，卜辞中记载用三头牛或三头羊祭蚕神的"蚕祀三牢"的典礼，显示对蚕神的崇拜。

长久以来，蚕桑生产一直是德清乡村的支柱行业，在社会经济生活中占有特殊地位，当地的民俗民风大多与蚕桑活动有关。德清的乡风民俗门类众多，其中如讨蚕花、抢蚕花、串蚕花等，而扫蚕花地则是此类民俗中最具民间艺术特征的。正月元宵和清明前后为扫蚕花地演出旺季，演出场合一般在乡村举办的马明王菩萨的庙会上，载歌载舞的表演形式在巡行队伍中非常吸引观众眼球。其另一种演出形式即在春暖花开的清明节前后，艺人被东家请到农家厅堂养蚕的场所表演，通过扫蚕花地歌舞表演，惟妙惟肖地模拟蚕事生产活动场景，来完成一场祈祷蚕茧丰收的仪式。

原始的扫蚕花地是从傩舞演变而来的，其舞蹈动作中大量吸收了江南妇女长期从事农桑蚕事劳动的生活元素，那种在蚕房劳动时形成的娴静、端庄、温柔的品性和干净利落的劳动习惯得以生动呈现；其音调古朴，旋律优美，属杭嘉湖蚕乡最具特色的民歌之一。舞蹈的基本动律"稳而不沉，轻而不飘"，可用一个"端"字来归纳，完美体现江南水乡蚕花娘子端庄、细腻、灵巧的品性。舞蹈的道具、服装特色鲜明，铺着红绸的小蚕匾以及作头饰和道具用的白鹅毛，均属蚕乡特有的生产工具。表演者的头上、扫帚、蚕匾上插的蚕花，与"西施向蚕娘赠蚕花"的传说，以及"蚕花庙会"、"轧蚕花"等习俗巧妙关联，表演者身上的红裙红袄，这些都是蚕乡民众心目中最吉祥的事与物，故扫蚕花地演出时特别受蚕农们欢迎。

扫蚕花地的形成与流变时间跨度较长，据老艺人们口传，已有一百多年历史。20世纪60年代初，德清县文化馆组织人员对散落于全县乡镇的民间艺术分类普查、挖掘、调研，发现德清县扫蚕花地就有七种不同曲调，四种不同风格的表演，知名艺人达二十多人。当时，扫蚕花地的表演程式已趋成熟，同时也最为稳定和繁荣。

扫蚕花地是蚕桑生产习俗中重要的一环。每年清明时期，"关蚕房门"生产前，请艺人到家演出是一种古老而美好的祈愿，以消除一切灾难、晦气，祝愿蚕桑丰收，故带有一定的仪式性。表演的动作和唱词内容均以养蚕的劳动过程为主，如糊窗、采叶、喂蚕、缫丝等，舞蹈动作程式化。

扫蚕花地表演形式多样，开始以单人小歌舞为主，由女性来表演，另有一人敲小锣小鼓伴奏；后来发展为二胡、笛子、三弦等多种民族乐器伴奏。表演者头戴蚕花，身穿红裙、红袄，手捧铺着红绸的蚕匾登场亮相，象征蚕花娘娘给人们送来吉祥的蚕花，表演者载歌载舞，模拟养蚕生产劳动场景，唱词语言富有浓郁的吴方言特色，内容多为祝愿蚕茧丰收和叙述养蚕劳动生产全过程，演绎扫地、糊窗、掸蚕蚁、采桑、喂蚕、捉蚕、换匾、上山、采茧等一系列与养蚕生产有关的动作。

扫蚕花地艺人有半职业和业余两种，半职业艺人大多以穷苦村民居多，他们务农尚不能温饱，靠演扫蚕花地补充收入。他们大多以家庭为单位，或三四人搭班划一条小舢板木船，在农历十一月开始外出，直至清明后回家。艺人们每到一个村庄，就挨家挨户去蚕农家里演出，农民也乐意请他

娄金连在表演扫蚕花地

们到家中表演，传承至今仍受欢迎。业余的演出则带有较大的自娱性，队伍全由四乡村民自愿组成。

二、当代的传承与发展

20世纪七八十年代，德清扫蚕花地民间歌舞艺术尚有民间艺人杨筱天等能得心应手地自如演绎。随着时代发展，生活日新月异，农村生产方式不断变迁，扫蚕花地已不复当初的繁荣，但因其具有德

杨筱天扫蚕花地表演剧照

清东部水乡蚕事发达地区浓郁的乡土民俗特色,作为一种蚕桑文化民俗、一种非物质文化遗产得以完好地保存下来。

扫蚕花地能从歌词、曲谱到舞蹈动作得到全面而完整的记录和保存,2008年被列入国家级非物质文化遗产保护名录,传承人徐亚乐功不可没。1983年,作为县文化馆干部的徐亚乐开始接触扫蚕花地。当年,恰逢全国开展民族民间舞蹈调查工作,也是一次大规模民间艺术挖掘和抢救性工作。扫蚕花地幸运地被列入此次重点调查工作之一。徐亚乐陪同浙江省文化厅干部何老师深入基层乡村,对德清所有扫蚕花地民间表演艺人进行全面走访,其中就有童金荣、周金囡、郁云福、张林高等年逾古稀的老艺人。通过系统整理、对比和论证，徐亚乐认为，琴书艺人杨筱天的扫蚕花地表演曲目是最完整、最有代表性的。当时，民间艺人杨筱天已逾七十高龄，徐亚乐陪同何老师一起，一边观看杨筱天的表演，一边对扫蚕花地的歌词、曲调、舞蹈动作进行了详尽的记录。得益于当年文化工作者严谨、细致、踏实的工作作风，才有今天保存完整的

德清县非物质文化遗产代表性项目名录

一、国家级名录
民间文学《防风传说》，民俗《扫蚕花地》。
二、省级名录
民间文学《防风传说》，民俗《扫蚕花地》，《新市蚕花庙会》、《防风氏祭典》、《乾元龙灯会》、《蚕桑生产习俗》（洛渠蚕桑生产习俗）。
三、市级名录
民间文学《防风传说》、《花蓊西施传说》。
传统舞蹈《丝马灯》、《鳌鱼灯》、《十样灯》、《十咏灯》。
传统戏剧《德清摊黄戏》。
曲艺《湖州琴书》（洛渠书）、《三跳》（洛渠书）。
传统美术《蚕花剪纸》、《羽毛风筝》。
传统技艺《种蓍柳条编织技艺》、《张一品酱羊肉烹制技艺》、《山林缝纫制作技艺》、《手工莊榨制作技艺》、《竹编技艺》（莫北竹编技艺）、《新市茶枕制作技艺》、《其干黄芽制作技艺》。
民俗《扫蚕花地》、《新市蚕花庙会》、《防风氏祭典》、《乾元龙灯会》、《三合烘豆茶习俗》、《蚕桑生产习俗》（洛渠蚕桑生产习俗）、《塘泾清明龙舟会》、《舞阳侯重阳庙会》。

传承中华文脉　守护精神家园　②

德清县非物质文化遗产宣传图片展展板之一

书面资料。扫蚕花地入选《中国民族民间舞蹈集成·浙江卷》、《中华舞蹈志》等书籍，从而进一步确立了德清为杭嘉湖蚕桑生产地区扫蚕花地民俗源头的重要历史地位。

自当年亲自参与挖掘和抢救民间艺术行动后，徐亚乐与蚕俗文化结下了不解之缘。随着对扫蚕花地的深入了解，徐亚乐也从扫蚕花地里吸收了艺术营养，融入时代元素，创作了许多有关蚕桑文化

的舞蹈作品，并多次在省、市文艺会演和比赛中获奖。1988年创编的《桑园情》参加浙江省第二届音舞节获创作二等奖、表演三等奖。1990年创作的《蚕娘》参加浙江省第三届音舞节获创作奖。2001年创作的《叶

徐亚乐在表演扫蚕花地

球灯》获浙江省首届广场灯彩舞蹈金奖；《蚕花祭》获湖州市南太湖第二届音舞节二等奖。

"清明一过谷雨来，谷雨两边要看蚕。当家娘娘手段好，包好蚕种焙被里。隔了三天看一看，布子上面绿茵茵。当家娘娘手段巧，鹅毛轻轻掸介掸。快刀切叶金丝片，引出乌娘万万千。头眠眠得崭崭齐，二眠眠得齐崭崭。火柿开花捉出火，楝树开花捉大眠"，清明时节，古老的《蚕花谣》，穿越千年时光，在德清千年古镇新市回荡。

2012年，一年一度的新市镇蚕花庙会上，扫蚕花地最引人关

注。一老一少的两女子，身穿红袄红裙，头戴蚕花，发髻插鹅毛（蚕农掸蚕蚁的工具），左手托着铺红绸和插满蚕花的小蚕匾，右手执着饰有蚕花的道具"扫帚"，边唱边舞"三月（台格拉）天气暖洋洋，家家（台格拉）护种搭蚕棚。蚕棚（台格拉）搭在高厅上，朵窗纸糊得泛红光……"同时，还表演一系列与养蚕有关的动作，曲调高亢，动作利索，吉祥喜庆。

年届七旬的娄金连是钟管镇东舍墩人，蚕花庙会的最大看点之一就是她与弟子杨佳英联袂登场，为全场观众表演扫蚕花地，一阵清脆、亮爽的锣鼓声响，头插白鹅毛、身穿大红袄的娄金连与弟子同时登场亮相。"三月天气暖洋洋，家家户户搭蚕棚，蚕花娘娘两边立，聚宝盆一只贴中央……"当唱到"扫地扫到猪棚头，养只猪猡像只牛，今年蚕花扫得好，明年保㑚（nǎi，方言：你们）三十六（分）"时，台下观众发出一片叫好声。

歌曲一段唱毕，娄金连与弟子手拿小竹匾走向台下的观众群，竹匾内盛放了象征蚕花的金银花纸。观众随即迅速拥向她俩，小竹匾里的蚕花都被一抢而空，连小竹匾边上的一圈纸花也被悉数拔去。娄金连笑着说：这已经习以为常了，每次随剧团到乡镇演出，老百姓对这个戏还是非常喜爱的。从百姓对扫蚕花地的喜爱，见证了民俗传统艺术的感召力和影响力。

如果蚕桑生产每况愈下，杭嘉湖地区扫蚕花地民俗赖以生存的

娄金连抛撒蚕花

条件发生变化时，扫蚕花地是否意味着也会随之消沉或被人遗忘？民俗学家刘魁立给出的答案是："一切传统只有在对今天或者对未来具有重要意义时，它才获得了价值，我们才努力地去保护它、爱护它、传承它。"

新市蚕花庙会已成功举办了十三届，盛况年年不衰，蚕花广受民众喜爱。可见，蚕花习俗深入人心，寓意吉祥、追寻幸福的蚕花习俗的遗传性，无论古人还是现代人，均不因蚕丝产量的多寡而动摇，这种情结是亘古不变的。同样，作为蚕花习俗之一的扫蚕花地民俗，从艺人表达的内容来看，均具有与讨蚕花相同的讨彩头性质。这种积极向上，追求勤劳、淳朴、真实人性的行为一直都是贴

新市蚕花庙会扫蚕花地表演

合现代人心理的,祈福是扫蚕花地民俗继续生存与发展的内在动力和核心。

正视扫蚕花地民俗生存现状,我们有责任对扫蚕花地的表演内容和形式进行恢复和抢救性保护。现已被列入国家级非物质文化遗产保护名录的扫蚕花地,涵盖以扫蚕花地为代表的蚕花习俗,而非特指以扫蚕花地命名的民间歌舞。只有对蚕花习俗进行全面和及时的保护,才能体现扫蚕花地更高的民间文化价值。全面保护蚕花习俗就是保护它存在的文化空间,将其融入到其他节俗诸如蚕乡婚俗、蚕乡清明节习俗、蚕乡过年习俗中去整体性保护,并与其他非物质文化遗产项目兼容并蓄，共同发展，以形成良性的生态保护传承态势。今天，非物质文化遗产保护已渐渐深入民心，随着保护意识的不断增强，保护更趋理性和体系化，扫蚕花地和蚕花民俗在全社会共同的呵护下，将会有全新的发展空间。

歌谣与台本

旧时，流传于杭嘉湖平原地区的蚕花歌谣版本颇多，又各具特色，其中不乏富有生活气息且风趣幽默的作品，它们是当地蚕农生活的真实写照，也带着他们的美好祈愿。民间艺人还根据当地习俗，整理完成了完整而成熟的台本。

歌谣与台本

[壹]蚕桑诗与蚕歌谣

中国古代，有关蚕的诗歌多如牛毛，数不胜数。

蚕丝歌（南北朝）鲍令晖

春蚕不应老，昼夜常怀丝。

何惜微躯尽，缠绵自有时。

野蚕（唐）于濆

野蚕食青桑，吐丝亦成茧。

无功及生人，何异偷饱暖。

我愿均尔丝，化为寒者衣。

清代康熙皇帝《御制耕织图》中有多首描绘蚕桑的诗，录其二。

浴蚕

农桑将有事，时节过禁烟。

轻风归燕日，小雨浴蚕天。

春衫卷缟袂，盆池弄清泉。

深宫相斋戒，躬桑率民先。

采桑

吴儿歌采桑，桑下青春深。

邻里讲欢好，逊畔无欺侵。

筠篮各自携，筠梯高倍寻。

黄鹂饱紫椹，哑哑鸣绿阴。

　　"男耕女织"是古代中国小农经济的重要特点，种桑养蚕在这种经济结构中占有重要地位，也是蚕乡蚕农重要的经济来源。不少流传于乡村的农谚，都记录了这一历史现象。如"种得一亩桑，可免一家荒"、"种桑养蚕，一树桑叶一树钱"、"家有百株桑，一家吃勿光"、"养蚕用白银，种田吃白米"等等，均在德清民间流传了上百年。天长日久，农谚经过人们的提炼和加工又演变为通俗的蚕歌蚕谣。

采桑图

浴蚕图　（《御制耕织图》清康熙彩绘本）

　　春四月，又称"蚕月"，蚕农们开始忙活培桑育蚕的农事。湖州养蚕地区流传很广的《养蚕歌》就描述了这一情景：

养蚕歌

四月五月天，家养蚕不得闲。

哪怕日日忙辛苦，怕蚕饿不结茧。

叶大要拿刀切细，湿叶要用布擦干。

儿啼女哭顾不得，蚕儿当作儿女看。

头眠二眠三四眠，结成茧子白又鲜。

缫丝织绸制衣服，穿在身上轻又软。

三眠 （《御制耕织图》，清康熙彩绘本）

扫蚕花地的起源与祀蚕、敬蚕习俗有关。旧时，蚕桑生产地区的蚕农以养蚕为生，人们祈愿蚕神护佑获得蚕茧丰收，久而久之，便形成了一个庞大的传统蚕桑生产习俗体系。老百姓日常生活处处离不开蚕，如祭祀朝拜菩萨的

冯远彩绘采桑图

香火称"蚕香"。蚕宝宝上山后，蚕农互赠绿豆糕、枇杷等食品，称之为"讨蚕信"。立夏日，娘家拿礼品给出嫁第二年的女儿称"拿蚕

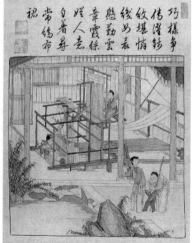

古代桑蚕诗

清雍正粉彩仕女采桑图盘

肚肠"。清明踏青称"轧蚕花",连演的戏文也叫"蚕花戏"。新婚之喜的第二天早晨,新娘要在喜娘伴同下扫地,叫"扫蚕花地"。还有农历正月初一早晨扫地也叫"扫蚕花地"。这种扫地与往日不同,不是把垃圾扫出去,而是由外往里扫,希望把蚕花扫进来,使当年养好蚕,得丰收。年初一祭祀神,同时要祭祀"蚕花五圣"、"蚕花娘娘"。人们见面互祝"恭喜发财"并祝"蚕花廿四分"等等讨彩头之词。

　　旧时,曾流传于杭嘉湖地区的蚕花歌谣各具特色。

蚕歌

日出东方红堂堂，姑娘房中巧梳妆。

双手挽起青丝发，起步轻盈出绣房。

娘见女儿出绣房，叫声阿囡去采桑。

来采桑，去采桑，采满叶箩送蚕房。

蚕花谣

清明一过谷雨来，谷雨两边要看蚕。

当家娘娘手段好，包好蚕种焐被里。

隔了三天看一看，布子上面绿茵茵。

当家娘娘手段巧，鹅毛轻轻掸介掸。

快刀切叶金丝片，引出乌娘万万千。

头眠眠得崭崭齐，二眠眠得齐崭崭。

火柿开花捉出火，楝树开花捉大眠。

撒蚕花

新人来到大门前，诸亲百眷分两边。

取出银锣与宝瓶，蚕花铜钿撒四面。

蚕花铜钿撒上南，添个官官中状元。

蚕花铜钿撒落北，田头地横路路熟。

蚕花铜钿撒过东，一年四季福寿洪。

蚕花铜钿撒过西，生意兴隆多有利。

敲棉兜

东南西北撒得匀，今年要交蚕花运，

蚕花茂盛廿四分，茧子堆来碰屋顶。

接蚕花

四角全被张端正，二位对面笑盈盈。

东君接得蚕花去，看出龙蚕廿四分。

大红全被四角齐，夫妻对口笑嘻嘻。

双手接得蚕花去，一被蚕花万倍收。

赞蚕花

青龙到，蚕花好，去年来了到今朝。

看看黄蟒龙蚕到，二十四分稳牢牢。

蚕事忙

当家娘娘看蚕好，茧子堆得像山高。

十六部丝车两行排，脚踏丝车鹦鸪叫。

当家娘娘手段高，踏出丝来像银条。

[贰]扫蚕花地歌谣

旧时，流传于德清蚕桑生产地区的扫蚕花地歌谣版本颇多，其中不乏风趣幽默且富有生活气息之作，收录其二：

杨扫佬扫蚕花

蹊跷蹊跷真蹊跷，今年来了杨扫佬。

各州各府都要扫，家家户户都扫到。

扫过东，看见两对好蛟龙。

金龙盘米房，银龙盘床铺。

黑龙盘油缸，白龙盘水缸。

一年四季吃勿光。

扫上南，金银姑娘来看蚕。

掸的蚕三寸长，做的茧子石骨硬。

蚕茧东西两篓装，

金姑娘东边下茧噗噗响，

银姑娘西边做丝飒飒响。

粗丝要做几千两。

细丝要做几千两。

扫落北，当家人家要造屋。

前三厅，后三厅，

三三得九厅，二九十八厅。

东边造成绣花厅，

西边念佛阿娘厅，

南边造起倌倌读书厅，

北边造起大小生活厅，

当中造间小客厅。

四喜红，五金魁，

六六顺，七来巧，

吃酒划拳闹盈盈。

扫蚕花

好笑好笑真好笑，我名字叫陆阿小。

今天来把蚕花扫，一扫扫到花车头。

放出花来细究究，织出布来像绵绸。

一卖卖到十字街坊头，洋钿卖到八块九。

买鱼买肉回家走，东邻西舍请朋友。

一扫扫到厅堂上，厅堂挂盏走马灯。

老爷吃酒醉醺醺，两个丫头送茶汤。

面红耳赤笑眯眯，八字胡子高高翘。

老远一眼望过去，活像庙里活财神。

一扫扫到猪棚头，养只猪猡像黄牛。

一对耳朵像畚箕，白白胖胖打呼噜。

想吃荤掏猪油，猪油摆在晾橱里。

想吃素用麻油，麻油搁在灶台中。

一扫扫到灶脚下，查来查去查我陆阿小。

屁股打得六百翘，啥人好心来讨保？

灶神娘娘来讨保，好心总是有好报。

一扫扫到晾橱边，摆出菜蔬两三碗。

还少一碗啥格菜？还少一碗香酥鸡。

嘎嘎来，嘎嘎来呀杀母鸡，特拉特拉斩白鲞。

旧年勿来扫，今年来扫扫。

青龙介格苗，黄龙介格稻。

婶婶阿姆来背稻，叠起稻蓬半天高。

牵砻做米进仓库，大人小囡哈哈笑。

[叁]扫蚕花地台本

时光流转，德清民间艺人通过挖掘、整理本地农事生产蚕桑习俗，编排了扫蚕花地小歌舞演出台本和唱词，边演出边修改，不断完善和提高，流传至今并使后人得益。最终还形成了一套成熟的表演台本。

扫蚕花地

三月（台格拉）天（哎）气暖洋洋（哎吭），

家家（台格拉）焐（啊）种搭蚕棚（呀哎吭哎吭哎吭哎吭）。

蚕棚（台格拉）搭（哎）在高厅上（哎吭），

栄窗纸糊（啊）得泛红光（呀哎吭哎吭哎吭哎吭）。

蚕花（台格拉）娘（哎）娘两边立（哎吭），

聚宝盆一只贴中央（呀哎吭哎吭哎吭）。

蚕仔（台格拉）养在蚕區内（哎吭），

乌儿（台格拉）出得密密麻（呀哎吭哎吭哎吭）。

手拿（台格拉）秤杆来挑种（哎吭），

轻轻（台格拉）鹅毛掸龙蚕（呀哎吭哎吭哎吭）。

龙蚕（台格拉）落笪忙灼火（哎吭），

下面（台格拉）灼火暖洋洋（呀哎吭哎吭哎吭哎吭）。

快刀（台格拉）切叶铜丝绕（哎吭），

轻轻（台格拉）拿叶喂龙蚕（呀哎吭哎吭哎吭）。

三日（台格拉）三夜头眠郎（哎吭），

两日（台格拉）两夜二眠郎（呀哎吭哎吭哎吭哎吭）。

菜籽（台格拉）刹花蚕出火（哎吭），

楝树（台格拉）花开做大眠（呀哎吭哎吭哎吭）。

上年（台格拉）大眠做勿出（哎吭），

今年筺筺要做几百两（呀哎吭哎吭哎吭）。

大眠（台格拉）开桑一昼时（哎吭），

吩咐（台格拉）龙蚕要过额（呀哎吭哎吭哎吭）。

蚕凳（台格拉）跳板密密麻（哎吭），

龙蚕（台格拉）摆着下地棚（呀哎吭哎吭哎吭）。

采桑（台格拉）摘叶忙忙碌（哎吭），

大担（台格拉）小担转家乡（呀哎吭哎吭哎吭）。

拿起（台格拉）叶箙喂龙蚕（哎吭），

抛叶（台格拉）掸叶喂龙蚕（呀哎吭哎吭哎吭）。

大眠（台格拉）放叶四昼时（哎吭），

丝头（台格拉）袅袅上山棚（呀哎吭哎吭哎吭）。

高搭（台格拉）山棚齐胸脯（哎吭），

蚕茅稻草插得崭崭齐（呀哎吭哎吭哎吭）。

龙蚕（台格拉）捉在金盆里（哎吭），

吩咐（台格拉）龙蚕上山去（呀哎吭哎吭哎吭）。

南厅（台格拉）上去三眠子（哎吭），

北厅（台格拉）上去四眠子（呀哎吭哎吭哎吭）。

东厅（台格拉）上去多丝种（哎吭），

西厅（台格拉）上去玉龙蚕（呀哎吭哎吭哎吭）。

东家娘娘四房蚕花无上处（哎吭），

上伊（台格拉）穿堂两过路（呀哎吭哎吭哎吭）。

龙蚕（台格拉）上山忙灼火（哎吭），

四厅（台格拉）灼火暖洋洋（呀哎吭哎吭哎吭）。

龙蚕（台格拉）上山三昼时（哎吭），

推开（台格拉）山棚看分明（呀哎吭哎吭哎吭）。

大的（台格拉）帽顶半斤重（哎吭），

小的（台格拉）帽顶近四两（呀哎吭哎吭哎吭）。

上年（台格拉）茧子落勿出（哎吭），

今年（台格拉）篁篁（台格拉）要称几百两（呀哎吭哎吭哎吭）。

东家（台格拉）老板真客气（哎吭），

挽起（台格拉）篮子走街坊（呀哎吭哎吭哎吭）。

买鱼（台格拉）买肉买荤腥（哎吭），

东南（台格拉）西北唤丝娘（呀哎吭哎吭哎吭）。

三十六部丝车两逮装（哎吭），

当中（台格拉）出条小弄堂（呀哎吭哎吭哎吭）。

小小（台格拉）弄堂做啥用（哎吭），

东家（台格拉）娘娘送茶汤（呀哎吭哎吭哎吭）。

脚踏（台格拉）丝车咕咕响（哎吭），

绕绕丝头甩在响圆上（呀哎吭哎吭哎吭）。

做丝（台格拉）娘娘手段高（哎吭），

车车(台格拉)敲脱一百两(呀哎吭哎吭哎吭)。

粗丝(台格拉)卖到杭州府(哎吭),

细丝(台格拉)卖到广东省(呀哎吭哎吭哎吭)。

卖丝(台格拉)洋钿无万数(哎吭),

扯了(台格拉)大木造房廊(呀哎吭哎吭哎吭)。

姐姐(台格拉)造了绣花楼(哎吭),

官官(台格拉)造了读书房(呀哎吭哎吭哎吭)。

扫地要扫羊棚头,

养(格)羊来像马头(呀哎吭哎吭哎吭)。

扫地扫到猪棚头,

养(格)猪猡像黄牛(呀哎吭哎吭哎吭)。

今年蚕花扫得好,

明年保那三十六(呀哎吭哎吭哎吭)。

高高蚕花接了去,

亲亲眷眷都要好(呀哎吭哎吭哎吭)。

年年扫好蚕花地,

代代子孙节节高(呀哎吭哎吭哎吭)。

音乐与舞蹈

扫蚕花地的代表性曲调有八种，富有江南民间音乐的旋律特点，音调古朴，流畅优美。扫蚕花地的舞蹈动作细腻柔美，常展示蚕桑生产中的某些动作，源于生活又高于生活，成为蚕桑习俗中不可或缺的艺术传承节目。

音乐与舞蹈

[壹]扫蚕花地音乐

扫蚕花地从民间老艺人传承的谱系来讲，据已故艺人杨筱天（1913-1984）的师傅福囡（生于19世纪末）口述，其公婆潘正法夫妇也是扫蚕花地民间艺人。又据已故老艺人周金囡（1902年生）回忆，她的干娘也是扫蚕花地民间艺人。这些民间艺人表演的扫蚕花地唱腔与曲调均带有较浓重的地方戏曲痕迹。

音乐部分以打击乐为主。乡间扫蚕花地的伴奏乐器只用小鼓、小锣，后来在舞台演出时，逐渐加入了二胡、笛子、琵琶等传统的江南丝竹民族乐器。

扫蚕花地代表性的曲调有八种。因应用的场合和歌词内容不同，分为叙述性、抒情性、欢快的曲调，富有江南民间音乐独特韵味的旋律特点，细腻委婉，音调古朴，旋律优美而流畅，杭嘉湖蚕乡民歌特征鲜明。

曲 一

1=G $\frac{2}{4}$ $\frac{3}{4}$

中速 柔和地

〔1〕

3 5 5 3 5 | i ¹6 6 5 | ³4 3 6 ¹6 | ²4 5 32 3 | 3 6 565 3 |

1.三月（台格拉） 天（哎） 气 暖 洋 洋 （哎 吭）， 家家（台格拉）柒窗 纸
2.蚕房（台格拉） 搭（哎） 在 高 厅 上 （哎 吭）， 柒窗 纸

2312 3 | 3532 1 | 2 2 | 12 | 3.5 | 2321 ^{1 2}1 6 | 61 |

护（啊） 种 搭 蚕 红 棚（呀 哎 吭 哎 吭 哎
糊（啊） 得 泛 红 光（呀 哎 吭 哎 吭 哎

〔8〕

$\frac{3}{4}$ 2 35 2 — （冬冬冬 太 | 冬冬冬 太 | 冬太 冬太 | 冬冬 太 ）‖

吭哎 吭）。
吭哎 吭）。

〔12〕

3. 蚕花（台格拉）娘（哎）娘两边立（哎
吭），

3 6 5658

聚 宝 盆 一只贴中央（呀哎吭哎
吭哎吭哎吭）。

4. 蚕仔（台格拉）烊在蚕簏①内（哎吭），
乌儿②（台格拉）出得密密麻
哎吭哎吭吭）。

5. 手拿（台格拉）称杆来挑种（哎吭），
轻轻（台格拉）鹅毛掸龙蚕（呀哎吭哎

① 簏：音dó，南方晒谷用的粗竹席。此处是方言，指蚕匾。
② 乌儿：蚁蚕（即刚孵出的幼蚕）。

曲 二

1=D $\frac{2}{4}$

中速 叙述地

〔1〕

6 61 2 32 | 1 12 3532 | 2 23 3223 | 2321 6 | 1 ¹6 | 1 2 | 3.5 2321 | 6.5 6 |

1.扫地 扫到 羊棚 头， 养（格）羊 来像 马 头（呀 哎 吭 哎 吭哎吭）。
2.扫地 扫到 猪棚 头， 养（格）猪 啰像 黄 牛（呀 哎 吭 哎 吭哎吭）。

〔4〕

3. 今年蚕花扫得好，
明年保倸三十六（呀哎吭哎吭哎
吭）。

4. 高高蚕花接了去，
亲亲眷眷都要好（呀哎吭哎吭哎吭

哎）。

5. 今年扫好蚕花地，
代代子孙节节高（呀哎吭哎吭哎吭哎
哎）。

【附】代表性音乐

传授 童金荣
记谱 徐亚乐

扫蚕花地

之 一

1=G 3/4 2/4

稍慢
[1]

3.1 2 - | 2/4 **3 3 3.6** | **1 2·** | [4] **1 6 3** | **2 6 1 6** | **1·6 5. 6** |
花蚕　　宝宝啥格　出身，　　开天　辟(啊)　地

2 6 | **1 2·6 6 5·** | [8] (冬冬冬太 | 冬冬冬太 | [12] 冬太冬太 | 冬冬太)|
到如　今(哎嗨哎)。

之 二

1=G 2/4 3/4

中速
[1]

6 1 | 3/4 **1 1 2** - | 2/4 **2 3 2** | [4] **1 6** | **2 1·6 6** | **6 2** |
元　帅　出征(哎)　失了(哎)　女(哎嗨　哎哎啊)，　银丝

1 2 1 6 5 | **6 2 2** | **2 1 6** | 3/4 **6 5 5· 6** | 2/4 **5 6 5** | [12] **5 0** |
宝马　救干(啊　啊)金　　(哎哎嗨　哎　吭哎吭)。

之 三

传授 周金囡
记谱 何惠芳

1=G 2/4 3/4

慢速　叙述地
[1]

6 6 1 2 | **3 5 3 3** | **2 2 1 6** | [4] **1 6** | **3 2** 3/4 **5 3 2 1 6·** | **2** 2/4 **5 5 3 2** |
寒　食　到来(哎　哎哟)蚕(啊)浴　啊哎　种(哎吭·哎)，　高高(哎)

晾出（哎）画堂（哎）前①（呀），　样庞娘娘　乎托蚕种

（哎嘴）来　包（哎）　好（哎吭），　轻轻再把　打包（啊）

里（哎）床　中②（啊）。　　（冬冬冬太　冬冬冬太　冬太冬太　冬冬太）

之 四

传授　郁云福
记谱　徐亚乐

1=G 2/4

稍快 欢乐地

清明　时节　雨纷　纷，　路上（那个）　行　人　欲断（啊）　魂（啊）

（吭哎吭　哎吭哎吭）。

之 五

1=G 2/4

中速 叙述地

去年（格）落（哎）得　厌（呀）世（吆）茧③（呀），　今年　写张　保　票

保　得　稳呀，（啊）家家（格）户（啊）户　三　十　六（哎哎），

---

① 晾出画堂前：晾，此处为方言念"朗"。画堂，即中堂、客堂。农村中堂上挂着画，故又称画堂。这句意为把蚕种纸放入适度盐水稍浸，把不良种子浸死，留下的是强壮种子。然后晾干烛在床里或身上有出蚁蚕。

② 里床中：方言，这里指把蚕种纸包好，烛床里。

③ 落得厌世茧：方言。落：指采。厌世茧：指坏蚕茧。

3.6 53 | 2 35 | 2 21 6 | [16] 1 6 | 1 | 2.1 2 |

白丝绸　　全套　拨　伊　　穿(呀　哎　　吭哎　吭)。

之　六

传授　张林高
记谱　何惠芳

1=D 2/4 3

稍慢　柔和地

[1]
6. | 5 | 6 i 6 65 | 3 35 6 | 5 i 6535 | 3 — | 5 6i 6 5 3 |

出　门　得　支(呎)摇　钱　树，　　进门(台介拉)

2.5 3 | [8] 2.1 6 | 1 6 | 12 | 3 5 3 2 | 1 6 | 61 | 3/4 2.3 2 | — |

得　只　聚宝　盆(啊哎　吭哩　吭　哎　　哎哩哎)。

[贰]扫蚕花地舞蹈与道具

　　扫蚕花地舞蹈的基本动作可以用一个"端"字来归纳。表演者走步、舞蹈时含胸提气，轻轻"端"起腰，不随便扭动，这里的"端"比通常收腹提气的"提"力度要小些。演员的抬脚上步必先"端"起腰、腹，横步则"端"腰提胯，然后横走。在腰、腹端直的前提下，作踏步半蹲的上肢舞蹈时，就引申出了以膝盖带动全身、作前后或侧向移的动态；又由于腰、腹"端"起，也影响到脚底的力度，上步时脚掌平起平落，节奏轻稳无顿挫感。以"端"字为主要特色的动律，舞起来"稳而不沉，轻而不飘"，较好地注解了江南水乡蚕花娘子端

造　型

蚕　妇

服　饰

　　头插一朵桃红色纸蚕花，后梳发髻，髻左侧插白色鹅毛一支。穿红色大襟上衣和红褶裙，上绣彩色图案，绣花鞋（见"统一图"）

庄、细腻、灵巧的形象。

　　另外，舞蹈的道具、服装都有它的特点：铺着红绸的小蚕匾以及作头饰和道具用的白鹅毛，均是蚕乡地区特有的生产工具。表演者的头上、扫帚、蚕匾上插的蚕花，与"西施给蚕娘赠蚕花"的传说，以及"蚕花会"、"轧蚕花"等乡风习俗相关联，与蚕乡人民心目中最吉祥的事与物相吻合，扫蚕花地曲目广受城乡百姓的欢迎也顺

蚕妇头饰（正面）

蚕妇头饰（背面）

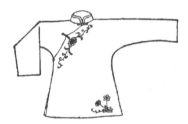

红上衣

红褶裙

1. 蚕匾　竹篾制。直径45厘米，周沿糊彩纸穗，系红纸蚕花。

2. 鹅毛　白色，长约20厘米。

3. 长把扫帚　上插一朵红色纸蚕花。

4. 白折扇　红绸边（见"统一图"）。

5. 红绸手绢　（见"统一图"）。

6. 秤　一杆。

扫帚

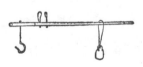

秤

理成章,不足为奇。

扫蚕花地具有蚕桑生产地区鲜明的地域特色,艺术风格独特。韵律清柔委婉,动作细腻柔美,舞台表演如行云流水,源于生活而高于生活,成为蚕桑习俗中不可或缺的艺术传承节目。

扫蚕花地表演形式具有多样性特征,通常以单人小歌舞为主,它由女性表演,另有一人敲小锣和小鼓伴奏。后来演变发展到用二胡、笛子、三弦等多种民族乐器伴奏。它的唱词内容,多为祈愿蚕茧丰收和生动地再现养蚕劳动的一幕幕情景。表演者头戴蚕花,身穿红裙红袄,高举铺着红绸的蚕匾登场亮相,象征蚕花娘娘给百姓送来吉祥的蚕花。表演者精神饱满,载歌载舞,做出糊窗、采叶、喂蚕、收茧、缫丝等各种各样的动作,模拟桑蚕习俗与农事活动。整台扫蚕花地歌舞曲目共三十八段演绎歌词,在每段的锣鼓过门伴奏下,表演程式化的"扫地"舞蹈动作。最后,表演者高举蚕匾,东家娘子接过蚕匾,在象征庆贺蚕茧大丰收的高潮中结束。

其他的表演形式还有:

唱马鸣王菩萨。男子一人,肩挑箩筐,前面箩上盖一块木板,上面放一尊马鸣王菩萨,红烛一对,小香炉一只。只唱不舞,用小锣敲过门,内容简单描述养蚕生产过程。春季,演唱者到各村转悠演出,由村民随意施舍。

杨扫地。男子一人,身背大布袋,手拿小扫帚,到农家门口表演简单的扫地动作，口中念道："恭喜大发财，元宝滚进来"，"得儿一扫帚，扫到东家娘娘脚跟头……"杨扫地原为流传于全省的乞讨卖艺形式，一般用韵白表演。在德清有民间艺人用杨扫地的曲子，歌唱和表演时加入蚕茧丰收的内容。

男子双人扫蚕花地，又称"摇钱树"。一人表演，一人敲锣与鼓伴奏。表演者左手拿"摇钱树"，右手拿扫帚，左手摇一下，右手扫一下。双脚左、右交叉上步，二人走"∞"字队形。"摇钱树"用一根柏树枝做成，其上挂着用红绿丝线编结起来的铜钱串，表演时铜钱叮当作响。

扫蚕花地的音乐舞蹈具有浓厚的江南特点，表演唱具有较高的艺术性，是研究杭嘉湖地区音乐舞蹈的一份宝贵的民间文化遗产。

徐亚乐在排练扫蚕花地

杨筱天扫蚕花地舞台演出照

　　扫蚕花地还作为小歌舞的形式收录于《中国民间舞蹈集成》，其内涵较单一。事实上，只要有蚕桑生产的地方，扫蚕花地与当地民俗结合，形成了与当地民俗互相交叉影响的局面，促进了这一民俗活动的兴旺发达。对进一步深入研究其他蚕桑民俗，起到了一定的示范和标杆作用。比如，扫蚕花地表演祈求吉利和蚕桑丰收目的与轧蚕花、讨蚕花等风俗有异曲同工之处。妇女在蚕房劳动方式中形成的共有的心理特质是它们的背景，是研究其他民俗的基础。扫蚕花地对发现和研究其他门类的艺术具有触类旁通的作用，比如扫蚕花地中贴在蚕匾上的"蚕猫"，也是一种流传年代悠久且珍贵的民间剪纸艺术品种之一。

道具执法

1. 捧蚕匾　双手"兰花手"，捧蚕匾底部于胸前（见图一）。

图一　　　　　　图二　　　　　　图三

2. 拿鹅毛　用右手拇指和食指拿。
3. 拿扫帚　右手拇指、中指和食指夹住扫帚柄的上端（见图二）。
4. 捏手帕（见"统一图"）。
5. 拿秤杆　如图（见图三）。
6. 握扇（见"统一图"）。

基本动作

1. 捧匾亮相

做法　如图（见图四）。

2. 扫地之一

准备　右手"拿扫帚"，左手"兰花手"，站"正步"。

第一拍　左脚上一步呈右"踏步"双手腹前交叉（见图五）。

图　四　　　　　　图　五

第二拍　右脚上一步呈左"踏步"，作扫地状（见图六）。

3. 扫地之二（不拿扫帚）

第一拍　站"正步"，右脚撤半步呈右"踏步"略蹲，上身稍向前倾，双手腹前交叉（见图七）。

图六　　　　　　　图七　　　　　　　图八

第二拍　右脚上半步呈"正步"，上身稍向前倾，双手手心向前分向两侧（见图八）。

第三拍　左脚撤半步呈左"踏步"，身体、双手动作同第一拍。

第四拍　左脚上半步呈"正步"，上身、双手动作同第二拍。

4. 扫地之三

第一拍　站"正步"，左脚向左横移一步，身体稍向前倾，双臂伸直。右手"拿扫帚"摆向前下方，左手虎口朝前，掌心向右，摆向左下方。

第二拍　右脚并上呈"正步"，身体稍向前倾，右手"拿扫帚"摆向右下方。左手虎口朝前。掌心向右，摆向前下方（见图九）。

图九　　　　　　　　　图十

5. 糊窗

准备　站"正步"，右手"捏手拍"，左手"端扇"。

第一拍　右脚撤呈右"踏步"，左臂屈肘，摊掌端扇于腰左前，右手掌心向外，手指朝上经胸前划至左肩前。

第二拍　右手向右划至"山膀"位（见图十）。

6. 喂蚕之一

准备　左手握合扇(见"统一图"),站右"踏步"。

第一拍　左手在左胯旁将扇打开平端,左手在扇面上作抓桑叶状。

第二至第四拍　姿态同第一拍,右手掌心向上,从左至右每拍抖动手腕一下,作撒桑叶状,眼视右手(见图十一)。

7. 喂蚕之二

准备　站"正步",左手握扇。

第一拍　撇右脚呈右"踏步",左手至"按掌"位将扇打开平端,右手在扇面上作抓桑叶状。

第二拍　移重心至右脚,左手平端扇向左下划至"提襟"位,右手摊掌,从左至右抖动手指至"山膀"位,作撒桑叶状(见图十二)。

第三至第四拍　脚做一至二拍对称动作,手同第一至第二拍。

8. 掸蚕

准备　站"正步",左手拿秤杆,右手拿鹅毛。

第一拍　撇右脚呈右"踏步",左手拿秤杆挑起盖在蚕匾上的红绸至身前,右手拿鹅毛至红绸旁(身左前)。

第二至第四拍　姿态同第一拍。右手拿鹅毛至红绸旁,一拍一下作掸蚁蚕(幼蚕)状至右下方,眼随右手,双膝也随之起伏(见图十三)。

9. 煽火

第一拍　左"踏步半蹲"上身稍向前倾,左手拿手帕略高于"山膀"位,右手握扇于腹前,向左扇一下(见图十四)。

图十一　　　图十二　　　图十三　　　图十四

第二拍　姿态不变。向右扇一下扇。

10. 采桑

准备　左手捏手帕,站"正步"。

　　第一拍　撤左脚呈左"踏步"，左手手心向上抬至"斜托掌"位，右手虚握拳，拳心向下上划至左手腕边。

　　第二拍　右手划下弧线拉至右"山膀"位（见图十五）。

　　第三至第四拍　同第一至第二拍。

　　11.放蚕凳之一

　　准备　右手捏手帕，站"正步"。

　　第一至第二拍　上左脚呈右"踏步半蹲"，双手经腹前向下"分掌"至两侧与胯平（见图十六）。

图十五　　　　　　　　　　图十六

　　第三至第四拍　上右脚呈左"踏步半蹲"，双手动作同第一至第二拍。

　　12.放蚕凳之二

　　准备　右"踏步半蹲"，双手垂于胯旁，手心相对上身挺直。

　　第一拍　向前屈膝，双手手腕主动随膝向前摆（见图十七）。

　　第二拍　双腿还原，双手手腕主动随之往后摆。

　　13.捉蚕

　　准备　右"踏步"，左手握扇平端于左胯旁，右手垂于腹前。

　　第一拍　右手三指捏拢前伸，至右下方作捉蚕状，眼看右手（见图十八）。

图十七　　　　　　　　　　图十八

第二拍　右手划至扇上方,手指放开,作将蚕放至扇上状,眼随右手。

14. 抛蚕

准备　左手"握合扇"站"正步"。

第一拍　右脚上一步,右手划至"按掌"位将扇打开平端,右手向扇面上作抓蚕状。

第二拍　左脚向左前上一步,右手划至右前上方(见图十九)。

第三拍　右脚向左前上一步,手同第一拍。

第四拍　左脚向左前上一步,手同第二拍。

15. 插稻草

第一拍　站"正步",左脚上一步,左手"按掌",右臂微屈肘,手心向下,四指捏扇轴(扇半打开)于胸前,前半拍,左手手心向下按于右手旁,手腕用力往下插至腹前(见图二十)。后半拍右手上提至原位。

第二拍　右脚上一步,左手不动,手同第一拍。

第三拍　左脚退一步,手同第一拍。

第四拍　右脚退一步,手同第一拍。

16. 缫丝之一

准备　人稍蹲作虚坐凳状,左脚稍向前,右臂屈肘,手心向下,四指合握扇于腹前。

第一至第四拍　右脚一拍一次虚跺地,左手手心向下屈肘于左前,以右手腕为轴心,使扇缘垂于腹前每拍一次逆时针方向划平圆(见图二十一)。

图十九　　　　　图二十　　　　　图二十一

第五至第六拍　脚、左手同第一至第四拍,右手将扇交至左手,再以拇指、食指作捏丝头状在左手边顺时针方向划立圆。

第七至第八拍　脚、左手同第一至第四拍,右手向右前方扬掌,跟随右手。

17. 缫丝之二

准备　人稍蹲作虚坐凳状,右手手心向上握合扇略低于"山膀"位。

第一至第四拍　右脚一拍一次虚跺地,右手将扇打开手心向上,边抖动边在右腰前逆时针方向划平圆,左手手心向上屈肘于左前。

　　第五至第六拍　脚、左手同第一至第二拍，右手将扇收拢交左手，五指在左手边顺时针方向绕一小立圆。

　　第七至第六拍　脚、左手同第三至第四拍，右手划向右前方，手心向上（见图二十二）。

　　18. 送茶

　　准备　将扇打开，双手各端一扇骨中段，拇指在上。

　　第一拍　右脚上一步，双手端扇摆至右侧（见图二十三）。

　　第二拍　做第一拍对称动作。

　　要点：头、身体随手作小幅度的左右摆动。

　　19. 扛木头

　　第一拍　左脚上一步，双手掌心相对抬至右肩旁，似扛木头状，身体微向右倾（见图二十四）。

图二十二

图二十三

图二十四

　　第二拍　右脚上一步，双手同第一拍，身体微向左倾。

　　要点：膝部要随步伐颤动。

祭祀与蚕俗

杭嘉湖地区蚕桑生产衍生出众多相关的风俗民情，自古以来，史不绝书。如有关蚕桑起源的传说，从朝廷到乡间对蚕神的祭祀，育蚕过程中的种种仪式与禁忌，与蚕桑生产有关的各种民间活动，以及文人墨客的诗赋歌咏，等等，构成了蚕桑文化与习俗的重要内容。

祭祀与蚕俗

蚕的神奇之处在于它在短短一生中身体形态的数次变化。从蚕卵中孵化出来的是一条条极细的黑色小虫（俗称"蚁蚕"），吃桑叶后以极快的速度生长，经过几次蜕皮，很快变得白白胖胖，身体扩张了几十倍。然而变化才刚刚开始，成熟的蚕安静地吐丝结茧，把自己包裹在一个椭圆形的茧子中。如果此时切开蚕茧，会看到白色的幼虫变成了一粒黑色的蛹。蛹一动也不动，似乎没有生命迹象，但几天后，蛹又不可思议地变成了长着一对翅膀的蛾。蛾咬破茧壳钻出来，并产下蚕卵，一轮新的生命循环从此开始，生生不息。这一自然界中生命的奇迹令远古时代的人们无比敬畏，人们认为蚕具有死而复生的羽化能力，也就拥有通神的力量。

从源头上讲，植桑养蚕很可能是一种宗教活动，非纯粹的经济活动，植桑的主要场所——桑林被染上某种神秘色彩。从上古商汤"桑林祷雨"记载，人们发现桑林在古代精神生活中意义非凡。只是随着时代的变迁和蚕丝业的传播，丝绸的精神内涵逐渐淡化，实用价值逐渐增加，蚕丝业也因此成为中国古代一门重要的经济产业。从某种意义上也解释了为什么野生桑树在世界上分布广泛，却只有中华文明试图驯养野蚕，从而诞生了举世无双的蚕丝业。

战国时期，荀况在《蚕赋》中写道："有物如此：蠡蠡兮其状，屡化如神，功被天下，为万世文。礼乐以成，贵贱以分。"什么动物对文明进化有如此大的功劳？"臣愚而不识，请占之五泰。五泰占之曰：此身女好而头马首者与？屡化而不寿者与？善壮而拙老者与？有父母而无牝牡者与？冬伏而夏游，食桑而吐丝，前乱而后治，夏生而恶暑，喜湿而恶雨。蛹以为母，蛾以为父，三俯三起，事乃大已。夫是之谓蚕理。蚕。"早在先秦时期，丝绸业已经被视为各诸侯国的重要经济产业，但我们从荀况自问自答式的叙述中，仍然能够感受到古人对蚕的崇敬，以及对蚕的形态与生理变化过程这一自然现象的好奇。

杭嘉湖地区蚕桑生产衍生出众多相关的风俗民情，自古以来，史不绝书。如有关蚕桑起源的传说，从朝廷到乡间对蚕神的祭祀，育蚕过程中的种种仪式与禁忌，与蚕桑生产有关的各种民间活动，以及文人墨客的诗赋歌咏，等等，构成了蚕桑文化与习俗的重要内容。

[壹]蚕神崇拜

一、南北蚕神

民间蚕神崇拜与地域有关，以中国之大，不同的蚕区所崇拜的蚕神，其来历与形象也有所区别。如四川的蚕神就与浙江的不一样。时间是另一个重要因素，同一个地区，古代与近代崇拜的蚕神也有区别。1994年，温州发现了一张北宋年间印刷的《蚕母图》，该图出于北宋元祐五年至八年（1090—1093）兴建的国安寺石塔内，残高21厘米，残宽19厘米，阳文刻版，用浓墨、淡墨、朱红及浅绿四色印在质地柔软的纸上。画面以蚕母、蚕茧和吉祥图案构成，较为完整地反映了北宋时期两浙地区的蚕神形象和蚕桑风俗。

近代，在杭嘉湖蚕区的大小乡镇建有无数蚕神庙或蚕王殿，专门供奉和祭祀蚕神。在一般的寺庙里除了供奉如来佛和观音菩萨之外，往往还在偏殿或旁座塑一尊蚕神像，让蚕神与佛菩萨同享人间香火，甚至村头巷尾的小土地庙也兼而有之。家境富裕的蚕农均在自家墙壁上砌有蚕神菩萨神龛，而各处的南货店、香烛店都出售一种在红纸上印有木刻蚕神像的神码，供蚕农请回去贴在蚕室的墙壁上，或糊在蚕具上，保佑蚕户蚕事兴旺。有的地方则由寺庙僧人挨家挨户发放神码，蚕农给予适当报酬。总之，蚕神无处不在。

蚕神，乡民尊称为"蚕王菩萨"、"蚕花菩萨"或"蚕花娘娘"等，蚕农供奉的神有马头娘、嫘祖、蚕花五圣、三姑、菀窳妇人、寓氏公主、青衣神等，统称为蚕神。总体来说，中国的蚕神主要可分为两大系统：一是嫘祖；一是马头娘。

关于嫘祖作为蚕神的信仰，《湖州府志》记载："湖州向奉先蚕黄帝元妃西陵氏嫘祖，神位于照磨故署……嘉庆四年，抚浙中丞以浙西杭嘉湖三府民重蚕桑，请建祠以答神贶，奏奉谕允，乃建庙于东岳宫左，曰蚕神庙。"嫘祖的来历，有说是"西陵氏之女"的。《史记·五帝本纪》:"黄帝居轩辕之丘,而娶于西陵之女,是为嫘祖,嫘祖为黄帝正妃。"也有说嫘祖就是西陵氏。《路史·后纪五》:"黄帝元妃西陵氏曰嫘祖,以其始蚕,故又祀先蚕。"总之,不管嫘祖的身份如何,人们都将其奉为"先蚕"加以膜拜,"先蚕"即始为蚕桑、教民养蚕之神。

马头娘 蚕神名目中最负盛名。"马头娘"又称"蚕花娘

蚕神图

娘"、"马鸣王菩萨"。最早的传说记载于东晋海盐人干宝著的《搜神记》,说这个神是一个女子包裹一张马皮变化而成的。后由宋高宗封为"蚕神",传谕各地建庙供奉。蚕神祭扫之风,因而益盛。湖州各地蚕花庙中也有马头娘塑像,"女饰而乘马,乡人多祀之"。清至近代,对"马头娘"或"蚕花娘娘"的祭祀更是香火不断,有关马头娘的故事、民歌、唱词也在民间广为流传。

清人王时翔《养蚕谣》云:"老媪拂布裳,拜向马头娘,暗祝今年多做蚕,要抵久债充官粮。"蚕神祭祀活动已深入到养蚕的每一

个环节。"下蚕后室中即奉马头娘，遇眠以粉茧香花供奉，蚕毕送之。出火后始祭神，大眠、上山、回山、缫丝皆祭之，称蚕花五圣，谓之'拜蚕花利市'。"

有关马头娘的古籍记载很多，现节录如下：

《搜神记》书影

高辛时，蜀有蚕女，不知姓氏，父为人所掠，惟所乘马在。女念父不食，其母因誓于众曰："有得父还者，以此女嫁之。"马闻其言，惊跃振迅，绝其羁绊而去。数日，父乃乘马而归。自此，马嘶鸣、不食。母以誓众之言告父。父曰："誓于人，不誓于马，安有人而偶非类乎！能脱我于难，功亦大矣，所誓之言，不可行也。"马跑，父怒，欲杀之，马愈跑，父射杀之，曝其皮于庭，皮蹶然而起，卷女飞去，旬日，皮复栖于桑上，女化为蚕，食桑叶，以丝成茧，以衣被于人间……今冢在绵竹、什邡、德阳三县界，每岁祈蚕者，四方云集，蜀之风俗，宫观诸化塑女像，披马皮，谓之马头娘，以祈蚕焉。

《太平广记》：

古蚕丛时，章洛之墟，有女独居，其父远出，久不归家，畜一马。女慕父不已，一日对马戏言曰："汝寻吾父归，便嫁汝。"马遂疾驰去，久之，驮其父归。自是马每见女咆哮，扑向其父，数挝之，女以前言告，父怒杀马，晒其皮于石上，女过言曰："汝畜也，欲人为妇，其死应然。"忽风作，皮遂起裹其女，飞树间，一夜化为蚕，遍及邻树，食叶吐茧丝，俱异寻常。"

《搜神记》（卷十四）：

旧说太古之时，有大人远征，家无馀人，唯有一女，牡马一匹，女亲养之。穷居幽处，思念其父，乃戏马曰："尔能为我迎得父还，吾将嫁汝。"马既承此言，乃绝缰而去，径至父所，父见马惊喜，因取而乘之，马望所自来，悲鸣不已。父曰，此马无事如此，我家得无有故乎，亟乘以归。为畜生有非常之情，故厚加刍养，马不肯食，每见女出入，辄喜怒奋击，如此非一，父怪之，密以问女，女具以告父，必为是故。父曰："勿言，恐辱家门，且莫出入。"于是伏弩射杀之，暴皮于庭。父行，女与邻女于皮所戏以足蹙之，曰："汝是畜生，而欲取人招为妇，耶此屠剥。"如何自

苦,言未及竟,马皮蹶然而起,卷女以行,邻女忙怕,不敢救之,
走告其父,父还求索,已出失之。后经数日,得于大树枝间,女及
马皮,尽化为蚕,而绩于树上,其茧纶理厚大,异于常蚕,邻妇取
而养之,其收数倍,因名其树曰桑,桑者,丧也。由斯百姓竞种
之,今世所养是也。言桑蚕者,是古蚕之余类也。案天官,辰为
马星,蚕分日,月当大火,则浴其种,是蚕与马同气也。周礼校人
职,掌禁原蚕者。

从以上记载中,可以看出
马头娘作为蚕神与嫘祖是有
很大不同的,嫘祖被人们奉
为"先蚕",是蚕桑业的创始
人,并且嫘祖具有黄帝正妃的
尊贵身份;马头娘是由凡人演
化成神的。嫘祖和马头娘这
两大蚕神系统代表了官方和
民间对蚕神形象的认识。

除嫘祖和马头娘两大蚕
神外,民间认为,蚕神还有以
下几种形象。

马鸣王像 （杨烨敏绘制）

　　蚕花五圣　与民间泛用"五圣"神号和蚕丛氏有关。清人赵翼《陔余丛考》卷三五"五圣祠"条："钮玉樵谓：'明太祖既定天下，大封功臣，梦兵卒千万罗拜乞恩。'帝曰：'汝固多人，无从稽考，但五人为伍，处处血食可耳。'命江南人各立尺五小庙祀之，俗谓之五圣庙。"在浙江蚕区的一些地方，人们供奉的蚕神称"蚕花五圣"。这是一位男性神，盘膝端坐，三眼六臂，其中一眼为纵目，位于前额中央。前面两手合捧一盘茧子，另四手则握着一些其他物件。这种形象的蚕花五圣，旧时在德清乡下蚕王殿较为常见。蚕花五圣也有变异，如有的地方变成身着官服的男子，但额上的一只竖眼不变，这是一个明显的身份特征。蚕花五圣的来历可能与四川的蚕业始祖神蚕丛氏有关。据记载，蚕丛氏"初为蜀侯，后称蜀王，尝服青衣，巡行郊野，教民蚕事。乡人感其德，因为立祠祀之"。江南蚕区的蚕花五圣，或许就是古老的蚕丛氏神话的衍变，并结合吴中风俗，给了他一个

蚕神像

"蚕花五圣"的名号，希望他能保佑蚕事的丰收。

蚕花太子 蚕花太子的信仰也与蚕马神话有关，其形象为男性，手执尖角旗，骑在马上。这可能是马头娘信仰的一种变异，近代湖州乡下多见。

菀窳妇人、寓氏公主 宋人秦观《蚕书》："卧种之日，升香以祷驷先蚕也。割鸡设醴，以祷菀窳妇人，寓氏公主，盖蚕神也。"蒲松龄《蚕经·祷神》："卧种之日，割鸡设酒，以祷先蚕寓氏公主之神。祝曰：'维某年月日，割鸡设酒，以祷于先蚕之神曰：惟蚕之精，天驷有星。惟蚕之神，伊昔著名。气钟于此，孕卵而生。既桑而育，既眠而兴。神之福我，有箔皆盈。'"

青衣神 即蜀地先王蚕丛氏，被奉为蚕神。《三教源流搜神大全》卷七："青衣神，即蚕丛氏也。按传蚕丛氏初为蜀侯，后称蜀王，尝服青衣，巡行郊野，教民蚕事。乡人感其德，因为立祠祀之。祠庙遍于西土，罔不灵验，俗概呼之

蚕神图

曰青衣神。"

蚕三姑　蚕三姑的信仰往往与对蚕事丰歉的占卜有关。蚕三姑是三个蚕神，民间认为她们是三姐妹，即大姑、二姑、三姑。人们查看皇历，皇历根据年份的干支排列来确定今年是"几姑把蚕"。据说大姑是大女儿，性格善良，如她把蚕，桑叶会很多，叶价较低；二姑是二女儿，个性骄横泼辣，由她把蚕，桑叶价格会十分昂贵；而三女儿三姑则娇生惯养，性格喜怒无常（有些地方还说她行为不正经），由她把蚕，这一年的叶价就会忽高忽低，把握不定。蚕三姑的信仰也是由来已久，元代王祯《农书》已将其作为蚕神之一了。马臻《村中书事》一诗写道："饷留儿女自喧呼，指点春禽又引雏。村妇相逢还笑问，把蚕今岁是几姑？"在杭嘉湖蚕区，蚕三姑的形象一般是三个女子同骑一匹马，这似乎与马头娘在蚕区的信仰有点关联。也有的地方不骑马，三个女子手中握有蚕丝及蚕匾等与蚕业有关的物件。

由于蚕三姑是用于占卜蚕桑的，人们推测她们的来历可能与各地普遍信仰的占卜之神——紫姑有关。相传紫姑叫何媚，唐代莱阳县人，嫁给寿阳刺史李景为小妾。为其妻所妒，正月十五夜被谋害于厕。天帝见其可怜，封她为厕神。人们在正月十五之夜，用一定的仪式迎紫姑，可卜一年吉凶及蚕事丰歉。紫姑的信仰很古老也很普遍，三姑把蚕的信仰有可能是紫姑卜蚕古俗的一种衍变。

二、蚕神崇拜

拜蚕花娘娘

　　在科学不发达的古代，人们把丰收的期望寄托于神灵的保佑。据史书记载，从三千多年前的周代开始，朝廷的统治者对祭祀蚕神活动就很重视。历朝历代，皇宫内都设有先蚕坛，供皇后亲蚕时祭祀用，每当养蚕之前，需杀一头牛祭祀蚕神嫘祖，祭祀仪式十分隆重。在民间也如此，蚕神的崇拜是蚕乡风俗中最重要的活动，除祭祀嫘祖外，各地根据当地的风俗祭祀所崇拜的蚕神，有祭祀"蚕花娘娘"的，有祭祀"蚕三姑"的，也有祭祀"蚕花五圣"、"青衣神"等蚕神的。而蚕农对所崇拜的蚕神并没有多大的讲究，只要能保佑蚕桑丰收就行。民间供奉蚕神的场所也有差异，有建专门供奉蚕神庙、蚕王殿的，有在佛寺偏殿或供奉菩萨旁塑个蚕神像的，也有蚕农家墙上砌神龛供奉印有蚕神像神码的。伴随蚕神崇拜，蚕乡还有各种祭祀活动，如江南一带清明轧蚕花就很隆重。

历史上蚕神信仰之现象在湖州地区早就根深蒂固，有趣的是，还有官方蚕神祭祀与民间蚕神崇拜之分。

1. 官方奉祀蚕神嫘祖

中国是最早种桑饲蚕的国家。在古代男耕女织的农业社会经济结构中，桑占有重要地位。汉以前，蚕已被神化，称其神曰"先蚕"，意指始为蚕桑之人神。东汉称"菀窳妇人，寓氏公主"为蚕神，见《后汉书·礼仪志》注引《汉旧仪》。汉代祀奉的蚕神是菀窳妇人和寓氏公主，但关于这两位的具体神话已不见踪影。北齐时，改祀黄帝为蚕神；北周时，又改祀黄帝元妃西陵氏（即嫘祖），均见《隋书·礼仪志》。这都是官方祀典中所祭祀的蚕神。

与中国古代自北周以后长期所供奉的官方蚕神一致，湖州官方供奉的蚕神也是嫘祖。嫘祖又名累祖、缧祖，也叫雷祖。根据《康熙字典》里相关注释和通假字的规则，嫘、缧、累、雷、纍都为通假字。

关于嫘祖为蚕神的传说版本很多。《史记·五帝本纪》载："黄帝居轩辕之丘，而娶于西陵之女，是为嫘祖。嫘祖为黄帝正妃。"神话传说中把她说成养蚕、缫丝的创造者。北周以后被祀为"先蚕"（蚕神）。唐代著名韬略家、《长短经》作者赵蕤所题唐《嫘祖圣地》碑文称："嫘祖首创种桑养蚕之法，抽丝编绢之术，谏诤黄帝，旨定农桑，法制衣裳，兴嫁娶，尚礼仪，架宫室，奠国基，统一中原，弼政之功，殁世不忘。是以尊为先蚕。"

蚕神祀奉嫘祖，古代官方是相当重视的。无论是《唐书》，或是《宋史》、《明史》、《清史稿》中都记载了皇后亲先蚕、祭祀嫘祖的活动。在我国古代，帝王祭祀农桑是很重要的一环。按照男耕女织的传统习惯，每年春季，皇帝要在先农坛"亲耕"，皇后则要在先蚕坛"亲桑"，以此为天下的黎民百姓做出表率。在明朝，先蚕坛建在安定门外。清圣祖康熙曾在中南海丰泽园设蚕舍，雍正又在北郊建先蚕祠。乾隆七年（1742），因虑北郊无浴蚕所，且离皇宫较远，皇后宫妃参与祭祀活动不便，大学士鄂尔泰上奏朝廷，建议重新修建先蚕坛。随后，内务府大臣海望又提出翔实而具体的设计方案和图样。乾隆批准后，遂在当时京城西苑东北角，即今天北海公园后门处建起一座颇具规模的先蚕坛。

从湖州的地方志及相关资料中，可找到古代湖州官方供奉蚕神嫘祖的内容："湖州向奉先蚕黄帝元妃西陵氏嫘祖，神位于照磨故署。"湖州的归安县"先蚕庙，在县西北济川铺。国朝乾隆五十九年奉文建立……先蚕庙曰衣被功神……每岁春秋二祭祀，以少牢春季以季春吉巳，秋后祭以九月十六日，其仪品如先农坛之例，并祭轩辕黄帝（新府志）。咸丰元年，郡人汤升等倡修（晏端书重修蚕神庙碑）"。湖州的乌程县"先蚕庙、轩辕黄帝庙，同在济川铺（新纂［按］

属归安境）"。

官方供奉蚕神嫘祖的先蚕祠"只限'有司祭祀'，乡民'不敢亵祀先蚕'。'有司'谓地方官，只有地方官员方可祭祀'黄帝正妃'"。清嘉庆《德清县志》载："乾隆四十八年修先蚕祠，五十九年钦奉谕旨载入祀典。先蚕祠，迎春庙内，乾隆四十八年知县什勒密修建，五十九年钦奉谕旨载入祀典，于每岁季春巳日官为致祭其议。"

2. 民间信仰蚕神马头娘

在蚕桑发祥地湖州民众心目中，所信仰的蚕神并不是嫘祖。民间老百姓有着自己所信奉的蚕神马头娘。"湖州地方蚕俗自古盛行祀奉蚕神，俗称'蚕姑'，又称'马头娘'、'马鸣王菩萨'"，"而对于蚕神蚕姑，则'乡下祀之'，这是历史沉淀下来的相沿成习的湖州蚕桑风俗，是蚕农

古代祀先蚕图

代代自觉遵守的群体规范"。马头娘的信仰由来已久，现今日常所见的马头娘造型通常是一个女子骑在马背上；也有一女子端坐，身边站着一匹马；还有三女子共骑一匹马，风格不同。马头娘也称马鸣王菩萨，有的地方称为"蚕花娘娘"、"蚕姑"、"蚕皇老太"。蚕乡的近代民间信仰混乱庞杂。清人汪日桢《湖蚕述》转引《吴兴蚕书》中的一段话指出："湖俗佞神，不知神之所属，但事祈祷；不知享祀之道，借以报本，非所以祈福免祸也。或曰：蚕月人力辛勤，正须劳以酒食，屡借祠神以享余。是亦一道也。"名为精神寄托，实为变相的例行慰劳。蚕乡所祭蚕神，称"蚕神菩萨"、"蚕花五圣"或"蚕花娘娘"。祭神时，插蚕烛，供酒饭，由年长妇女合掌默默祈祷，以求蚕花利市。

据清光绪《嘉兴府志》载："马头娘，今佛寺中亦有塑像，妇饰而乘马，称马鸣王菩萨，乡人多拜之。"在江南杭嘉湖一带，马头娘就是家喻户晓的蚕花娘娘，人们将她奉作神明，尊为蚕神，塑像供于蚕花圣殿。从圣殿塑像与流传的蚕花娘娘故事看，德清蚕神有蚕、桑、女、马、花五个关键字，蚕桑、蚕女、蚕马、蚕花四种组合关系。

桑
|
马 — 蚕 — 女
|
花

　　从蚕桑组合看，蚕神即司蚕桑之神，先民植桑养蚕，蚕与桑的关系清清楚楚。

　　再从蚕女组合看，《黄帝内传》曰："黄帝斩蚩尤，蚕神献丝，乃称织维之功。"蚕神是黄帝正妃西陵氏嫘祖。古代农业文明的生产方式是男耕女织，蚕神原型即为女身，也易理解。流行于江南一带的蚕花娘娘传说讲述的就是蚕乃女子所化的故事。湖州蚕神的蚕女组合表明"女化为蚕"，女化为蚕的故事可上溯到《山海经》，《山海经·海外北经》曰："欧丝之野，在大踵东，一女子跪据树欧丝。"郭璞注："言啖桑而吐丝，盖蚕类也。"可见女蚕关系源远流长。

　　蚕马这一组合关系十分离奇而神秘。真正将蚕与马糅合在一起的"蚕马神"是东晋干宝的《搜神记》，《搜神记》卷十四有载（见前文）。

　　蚕花组合与民间习俗有关，清人沈练《广蚕桑说》曰："蚕子之初出者名蚕花，亦名蚁，又名乌。"可见蚕蚁就叫蚕花。在含山，蚕蚁孵出的当天，要将蚕蚁供于蚕神位前祭祀，而在祭祀之时，家中女子，无论老幼，在头上都要插上一朵红色绢（纸）花，以示敬神，这种绢（纸）花也称蚕花。久而久之，在养蚕期间，将纸质蚕花替代蚕蚁，蚕房门窗、蚕匾、蚕架等处均需插上纸花，以期茧子满室花开。之后，又有"轧蚕花"、"豁蚕花水"、"点蚕花灯"、"焐蚕花"、"扫蚕花地"、"谢蚕花"、"吃蚕花粥"、"吃蚕花酒"等行为活动，从而形成以"蚕花神"、"蚕花庙"、"蚕花娘娘"为主题的具有一定规模的民间自发的"蚕花节"。

一个历史悠久的蚕女虚构故事，从表面看，既无爱情描写，又无教化功能，却在民间广为流传。在湖州地区，一方面将蚕女尊为菩萨，请进寺院，顶礼膜拜；另一方面，又将蚕女故事进行生活化、通俗化演绎，富有人情味和亲切感，在祭祀、占卜与欢笑歌声中，转化为一种精神宣泄和丰收期待。

3. 蚕花娘娘的传说

相传很久以前，在太湖边住着一户人家，男人到很远的地方去做生意了，妻子已经去世。家里只剩下一个孤苦伶仃的女儿，喂养着一匹白马。女孩一人在家，非常寂寞，一心盼望父亲早日归来。可是盼了很久，父亲还是没有回来，女孩心里又急又烦。

一日，女孩摸着白马的耳朵开玩笑地说："马儿啊马儿，若是能让父亲马上回家，我就嫁给你。"白马闻言竟点了点头，仰天长啸一声，随即挣脱了缰绳，向外飞奔而去。没过几天，白马就驮着女孩的父亲回到了家中。

此后，那匹白马一见到女孩就高兴地嘶叫起来，同时跑到女孩身边，久久不肯离去。女孩虽也很喜欢白马，但一想到人怎么能同马儿结婚呢？便又担忧起来，眼见着一天天消瘦下去。女孩的父亲发觉后，悄悄地盘问女儿，才知道女儿当初许过的承诺。父亲心中替女儿着想，于是趁女儿不在家时，一剑射死了白马，还把马皮剥下，晾在了院子里。

女孩回到家中，见到晾着的马皮，知道出了事，连忙奔过去抚摸着马皮伤心地痛哭起来。忽然，马皮从竹竿上滑落下来，正好裹在姑娘身上。院子里顿时刮起了一阵旋风，马皮裹紧姑娘，顺着旋风滴溜溜地打转，不一会儿就冲出了门外。等女孩的父亲赶去寻找时，早已不见踪影了。

几天后，村民们在树林里发现了那个失踪的姑娘。雪白的马皮仍然紧紧地贴在她身上，她的头也变成了马头的模样，趴在树上扭动着身子，嘴里不停地吐出亮晶晶的细丝，把自己的身体缠绕起来。

从此，这世上就多了一种生物。因为它总是用丝缠住自己，人们就称它为"蚕"（缠）。又因为它是在树上丧生的，于是那棵树就取名为"桑"（丧）。后来，人们尊奉她为"蚕神"，因其头形状如马，又谓之"马头娘"，古书称之为"马头神"。再后来，因为有人认为马头神的样子不好看，就塑造了一个骑在马背上的姑娘的形象，这种塑像被后人放在庙里供奉，谓之"马鸣王菩萨"。

江浙一带的蚕农都喜爱将蚕神称为"蚕花娘娘"。传说蚕花娘娘在世时最爱吃小汤圆，因而，每年蚕宝宝三眠后，蚕茧丰收在望之时，每户人家都要做上一碗"茧圆"来酬谢蚕花娘娘的保佑，至今仍保持这种风俗习惯。

4. 蚕花娘娘西施

西施在德清的遗迹、传说很多，而最典型、最集中的莫过于蠡山。

蠡山位于德清县城东25公里处，现属于钟管镇的蠡山村。村子始成于唐代，也是因山而得名。范蠡祠是蠡山最典型的建筑，坐北朝南，形

西施画像

似一叶扁舟。祠内供有范蠡、西施和文种的塑像。据《德清县志》和蠡山村史的记载：春秋时期，越国大夫范蠡送西施泛舟五湖时，最初就选择在这里隐居。在附近的观音漾里，范蠡不仅教会了老百姓如何养鱼，还撰写了《养鱼经》一书，发明了利用"鱼簖"的外港养鱼技术。西施在这里采桑养蚕，教会了当地人纺纱、织布，被奉为"蚕花娘娘"。在范蠡和西施的帮助下，这里很快成了富庶之地。后来，老百姓为感谢他们的恩德，就建起了这座范蠡祠。

当地人传说，每年的农历三月初七、十一月十八和正月十四。分别是西施和范蠡的生日以及他们隐居到蠡山的日子。每逢这三个日

子，邻近的乡民都会不约而同地来这里烧香、拜忏、打佛事，这个习俗由来已久，且从未间断过。

村民唐爱仙说，附近各个地方的人都来拜她，弄一种红纸、绵纸，摆在她面前，祈求保佑当年养蚕丰收。丰收以后再来一次，这里经常打佛会。

在蠡山，让人鲜明地感受到这种特殊的历史延续和文化渗透深得人心。一年四季，蚕花娘娘西施受人顶礼膜拜，范蠡祠内香火鼎盛。

蠡山旧时有八景，其中"西施画桥"与"翠岭马回"两处是最为典型的西施遗迹。"翠岭马回"位于蠡山脚下，据传，是范蠡送西施由越入吴时，挥泪作别、催马南归的地方。沿蠡山山坡一条蔽日的林荫小道，有一处蕴含美丽传说的"西施画桥"。相传，当年西施随范蠡隐居这里时，每天清晨站在桥上，以水为镜，梳妆打扮，画桥也因此而得名。传说中西施留下的"三寸金莲"，在桥上仍清晰可见。历经风雨侵蚀，古朴雅致的画桥如今已是青藤缠绕，桥身侧面镌刻的清光绪年间的楷文已模糊不清。在德清，还有"胭脂泉"、"梳妆台"等很多有关西施的遗迹，大都隐匿于山野之间，不为外人所知。每年清明时分，西施被人们尊为"蚕神"、"蚕花娘娘"，以蚕花庙会香市的形式得到全民的隆重祭祀。在蠡山的范蠡祠，每年有三次大规模的祭祀活动，蚕花娘娘西施手托蚕花，含笑立于功德殿内，百姓虔诚地祭拜这位曾经"保国佑民"的一代蚕神娘娘。

5.《蚕织图》中的蚕神

吴注本《蚕织图》后有明代刘崧跋语，云图中有不可知者二。其一，谓图中绘采桑者为男子而非妇女，其实这是因为浙江风俗中养蚕期间妇女不出蚕室，采桑由男子进行的缘故。其二，是"自黄帝娶西陵氏为妃，始蚕作，故世祀之谓之先蚕，而后世所祀又有所谓蜀女化为蚕头娘者，固皆妇女也，而此图所画乃戴席帽被绿而驰骑"。这便是刘崧的疑惑之处。这正如本书所述，中国古代祭祀的蚕神不止一个，正统皇封的是黄帝元妃、西陵氏之女嫘祖，而在民间流传较为广泛的则是马头娘。晋代干宝《搜神记》所载的蚕马故事流传极广，《齐民要术》、《玉烛宝典》、《法苑珠林》、《太平御览》等许多书籍中都收有这一传说。因此，迟至南宋，人们已将马作为蚕神，称其为马鸣王菩萨。楼祷《祀谢》诗所云"马革裹玉肌"即指此事，说明当时《蚕织图》中所画的正是这一位马鸣王菩萨，这种风俗一直沿袭至今。明代吴献忠《吴兴掌故集》载："马头娘，今佛寺中亦有塑像，妇饰而乘马，称马鸣王菩萨，乡人多祀之。"清人董蠡舟云："又从祠间有塑妇人像而乘马者，俗称马鸣王，即《搜神记》所载马头娘也，近日始有立庙祠菀窳者。"这马鸣王菩萨的形象，正是"妇饰而乘马"，根据我们在杭州城郊良渚、海宁长安镇及杭嘉湖蚕丝著名产区南浔的调查，近代蚕民祭祀的马鸣王菩萨，其形象为一女性，她右手抓着马鬃，左手向上托着茧子，意思是指为人们送茧，造福于人类。这一形象与吴注本《蚕织图》"谢神"一幅中的蚕神相似，与"妇饰而乘马"的记载相符，可知此即为马鸣王菩萨。所供物品中有丝，也有酒食。由于茧毕丝成正是五月初前后，家家户户挂钟馗像，这在近代农村也有此例，《便民图纂》"祀谢"图中所画一持剑大汉即是钟馗，但这是很少见的。

[贰]蚕桑习俗与传说

一、蚕桑习俗

祈蚕日　正月十五日，中国古代的祈蚕日。《荆楚岁时记》记载："正月十五日，作豆糜，加油膏其上，以祠门户。"该书注引梁时吴均《续齐谐记》："吴县张成夜起，忽见一妇人立于宅东南角，谓成曰：'此地是君家蚕室，我即此地之神。明年正月半，宜作白粥，泛膏其上以祭我，当令君蚕桑百倍。'言绝而失之。成如言作膏粥。自此后大得蚕。"

作膏粥是为了祭蚕神以宜蚕，并无置膏粥于门之事。后世在门上置粥，也是表示祀蚕。祀蚕桑是祀门户的本义。《荆楚岁时记》还记载："今州里风俗，望日祭门，先以杨枝插门，随杨枝所指，仍以酒脯饮食及豆粥插箸而祭之。"（《初学记》卷四引）又说："世人正月半作粥祷之，加肉覆其上，登屋食之。咒曰：'登高糜，挟鼠脑，欲来不来，待我三蚕老。'则是为蚕逐鼠矣。"这两则史料均出自北朝系统杜公瞻的注，后一则是华北的风俗，逐鼠的祈蚕是咒逐使蚕茧大乱的老鼠，祝福多丰。用粥糜可能是受到南方影响，而以肉代替油膏与南方有异。前一则是于门户迎阳气的活动。这种祀门以迎阳气，在东汉末的《独断》、《四民月令》中均有记载，而《四民月令》记述的是华北风俗。杜公瞻注很可能继承了这个系统，以杨枝所指祭祀，意味着在福祥来的方向祭祀。

正月十五日祈蚕风俗中，还有卜紫姑的活动。《荆楚岁时记》说："迎紫姑，以卜将来蚕桑，并占众事。"紫姑占卜的故事出自南朝刘宋时期刘敬权的《异苑》：相传紫姑神曾是妾，为正妻所嫉恨，经常让她做秽事，紫姑在正月十五日气愤而死，所以人们在这一天做成紫姑的形象，在厕所或猪栏边迎接她，祝告说："你丈夫不在家，曹夫人已回娘家了，紫姑你可出来。"紫姑神显灵能占众事，卜未来蚕桑。这个故事说明刘宋时代已有迎紫姑占蚕桑众事的风俗，紫姑是作为厕神发挥作用的。如同中国民间乞如愿风俗一样，厕所和生产有密切关系，厕所带来的粪土对于农桑有重要作用。人们相信悲愤非常之死，其灵必强盛。

据《乌青文献》记载："正月十五日小村落间束薪木末，扬以绯帛，夜则金鼓、流星、花爆，侑以赞词，群聚而焚之，曰'烧田蚕'，盖祈年也。"又据《乌程志》记载："立春五鼓，郡守率僚属鞭春牛而碎之，人皆争取土，为宜田蚕。"古时，为祈求田蚕丰收，连郡县官吏也要亲自参加"春牛踏土"的仪式。蚕是蚕乡农村生产生活的一大主题。

龙蚕，传说是蚕神恩赐的神灵巨蚕，蚕体庞大，光洁如玉，结巨茧，茧如天库。若龙蚕下凡进村，如清风入竹林，沙沙作响，蚕宝宝都昂首欢迎她。龙蚕去后，全村家家蚕花廿四分。民间传说：妯娌俩养蚕，妹妹养了条龙蚕，被妒恨心重的嫂嫂用羊叶钗戳死，结果连嫂嫂养的蚕，也赶过去吊孝，妹妹蚕室中结满了白花花的好茧。

烧田蚕 农历大年三十夜里或者正月十五夜里，蚕农们用稻草、竹、苇或其他柴禾扎成一个个火炬，并缠上丝绵绵兜，点燃后高高举起，在田埂上到处奔跑，还时不时地把火炬掼上掼下，舞火炬似流星，在黑暗的夜空中划出点点流星，煞是好看。蚕农有的敲锣打鼓，有的放鞭炮，还唱一种名叫"烧田蚕"的歌谣，内容是祈求蚕花丰收的赞词。由请来的专门从事唱蚕花的艺人演唱，其中有这么几句："火把掼得高，三石六斗稳牢牢；火把掼到东，家里堆个大米囤；火把掼到西，蚕花丰收笑嘻嘻……"场面十分热闹，俗称"烧田蚕"，有的也叫作"照田蚕"。此风俗在宋代已开始流传，大约在民国后，日渐荒废。

栽火桑 蚕户门前栽火桑时，户主清早出门，若左脚先跨出门槛，桑种于左；若右脚先跨出门槛，则种于右。火桑成活后，每年清明夜在桑干上贴纸剪成的元宝，并在树下插香，以祈蚕茧年成好。

中国的蚕桑文化早已渗透进了岁时习俗之中，中国人逢年过节

浴蚕

蚕取

蚕择

治絲一

蚕桑习俗

的许多习俗与蚕桑文化有关,尤其是在蚕乡,蚕事高于一切。新春佳节是中国人最为隆重的传统节日,岁末年初,蚕乡的许多习俗与蚕桑文化有关,其中最为热闹有趣的当推"呼蚕花"。

呼蚕花 吃过年夜饭,蚕家令孩童手提各式灯笼,如马头灯、元宝灯、鳌鱼灯、兔子灯等,在村前、门口、屋后及田头地角一边照一边唱《呼蚕花》以祈来年蚕花丰收,俗称"呼蚕花"。小孩子乘机奔逐嬉戏,直闹到夜深人静时,才在大人们阿猫阿狗的呼喊声中,尽兴而归。

呼蚕花

猫也来,狗也来,

蚕花宝宝跟伢同介来。

天上落下蚕花来,

水上泛起鱼花来。

蚕花——啊来,

鱼花——啊来,

蚕花落拉伢蚕箔内,

鱼花落拉伢鱼塘内。

地皮底下泛起银子来,

大元宝搭伢门角落里滚进来,

小元宝搭伢户槛缝里轧进来。

放得三十六爿麒麟当，

轻船去，重船来。

廿四个朝奉收账来，

嘭啪！铜钿银子上阁栅。

从前，德清一带的"呼蚕花"独树一帜，歌词文绉绉的，与湖州其他蚕乡不同，别有一番韵味。

呼蚕花

喔，喔咋咋，

咩，咩吗吗。

蚕花落伢笪里来，

白米落伢田里来，

搭个蚕花娘子一道来。

落伢囤里千万斤，

落伢蚕花廿四分。

东一村，西一村，

烧香念佛看戏文。

东也宁，西也宁，

风调雨顺享太平。

除夕之夜，江南蚕乡家家户户都在自己家神龛里点一支红烛或一盏油灯，一直点到大年初一清晨，当地俗称"点蚕花灯"。年初一那天，人们不到五更起床，故在吃过头顿饭后通常要睡一会，这便是"困蚕花"或"眠蚕花"。旧时，蚕种放在蚕娘的胸前，靠人的体温孵化，故今天方有此俗，"呼蚕花"、"点蚕花灯"和"困蚕花"的习俗在太湖流域的蚕乡流传。这些习俗还有更深一层的用意，即当地蚕农具有较强的商品意识，他们崇尚财神。谚云："种田吃白米，养蚕用白银。"蚕神光顾谁家，谁家就发大财。因此"呼蚕花"、"点蚕花灯"和"困蚕花"，实质上就是迎财神"三部曲"：呼唤财神，照亮财神，财神进门和留住财神。

蚕农在家中设立蚕花娘娘的神位，一般用蚕神码，一种水印木刻印刷的纸质蚕神画像。祭蚕神时，插蚕烛，供酒饭，由年长的妇女合掌默默祈祷，以求蚕花利市。当初，蚕乡对蚕神的祭祀十分频繁，如《湖州府志》所述，孵蚕蚁，蚕眠，出火，上山，缫丝，每道生产程序都要祭祀一番。后来，这些祭祀习俗渐趋简化，近代演变为每年两次。清明前后蚁蚕孵出日，将供品、蚁蚕上桌供奉，称为"祭蚕神"。养蚕中途如罹蚕病，临时还须再祭拜数次，以求消弭灾祸，甚至去求签问卜，并根据占卜的方位，前往"送更饭"，"更饭"用枯荷叶包上，盛鸭蛋一枚（对剖为二）、小鱼一尾、米饭少许。清明之夜，蚕农家家户户清理阴沟中的污泥，打扫四旁污秽，清洗门槛，堵塞地洞。此外，还用红纸剪成大小不一的"元宝"，贴在蚕室门上和收蚁筐上，祈求蚕养好，"元宝"滚进来，并用红纸剪成"聚宝盆"、"老虎头"、"三叉宝剑"，谓之"蚕花宝地"、"百无禁忌"。另一次则在做丝完毕以后（或采茧后），将新丝（或新茧）陈列于神位前，供三牲和香烛，祭祀叩拜，称为"谢蚕神"。乡间还常有专设的小庙，供马头娘塑像（或画像），称为"蚕神庙"。蚕乡女子无论老幼，在祭蚕神、谢蚕神以及一般的烧香拜佛时，头上总要插一朵用红色彩纸做成的花，叫"蚕花"，以示对蚕神的虔诚。

蚕花廿四分 蚕农们的一句口头祝福吉利语，自古在杭嘉湖蚕

敬蚕神

戴蚕花

乡地区流传。"蚕花廿四分"取双倍丰收之意，讨个好彩头。这句吉利语蚕乡人人会讲，并且从年头讲到岁尾，从长者传到小辈，世世代代永流传。乡间认为，农作物的收成总共为十二分，"廿四分"则为双倍，意即两倍丰收之意。

蚕花在蚕乡是一个多义词。（一）蚕神总称"蚕花娘娘"。（二）指代蚕桑收成。蚕花十二分是好年景，廿四分是双倍丰收（均已成为蚕区的祝辞和祷辞）。（三）蚕妇簪戴的一种彩色纸花或绢花。民间传说，这是西施首创的。她去吴国时，路经德清蠡山，在山坡下桑林边碰到一群采桑姑娘，她亲手给采桑姑娘分送蚕花，祝她们蚕桑丰收。这年果然"蚕花廿四分"，蚕娘从此簪戴蚕花，相沿成习以至今日。蚕乡女子，无论老幼，在祭蚕神、谢蚕神时，头上总要插一朵用彩纸做成的纸花，叫"蚕花"，作为一种信物，用来表示她们对蚕神的虔诚。后来，成了当地农村女子的一种传统装饰品，不仅在祭祀时要戴，在整个养蚕时节里都要戴。

蚕生日　十二月十二日是蚕花（娘娘）生日。蚕农们要在这一天像模像样地祭祀，祈求蚕花丰收。这一天，蚕妇用红（掺入南瓜）、青（掺入年青头）、纯白三种颜色的米粉团，做成圆子，俗称茧圆。人们将这两种茧圆煮熟，用碗装盛，再配上几盆甘蔗、橘子等水果，还做成骑在马上的马头娘、桑叶上的龙蚕、一绞绞的丝束、一重重的元宝、鲤鱼、大公鸡等形状，供于灶山之上。备酒菜，立"蚕花五圣"的"马张"，燃香插烛，虔诚祭祀一番。而德清一带，则习惯在这一天"请蚕花"，用一只蒸箪放入祭品、蚕神码和纸钱，焚香烛礼拜，祭后孩子们一拥而上，抢吃箪中祭品，抢得越快，兆示蚕花越旺。

蚕农取出收藏在家中的蚕种（蚕蛾产在厚纸片上的蚕卵），撒上一些盐粒，进行腌种，然后再用包袱藏起来，为蚕做生日仪式到此结束。待到十天之后，也就是腊月廿三送灶时，再将蚕种取出，抖落纸片上的盐粒，用清水冲洗一下，挂在通风背光的地方晾干，收藏起来，到来年春天谷雨时节前后，便可取出蚕种加温孵化小蚕。

据传，做茧圆为蚕宝宝过生日以后，来年春天育蚕时蚕宝宝就身强体健，不会发病，结出的蚕茧也像茧圆子一样又大又结实。清代文人陈梓曾为此作过一首《茧圆歌》："黄金白金鸽卵圆，小锅炊热汤沸然，今年生日粉茧大，来岁山头十万颗。"这一天，家里妇女还要拜经忏，叫作"蚕花忏"。和尚或道士，用五色纸花施送并化缘，叫作"送蚕花"或"蚕花缘"。

寺庙烧香　历来在每年春天蚕事开始之前，许多蚕家妇女结伴同去杭州灵隐寺等大小庙宇烧香，祈祷蚕茧丰收，也称作"西湖香市"，这一风俗至今仍保持下来。她们去灵隐既是求得菩萨保佑，同时也趁此逛游西湖，购买物品。旧时去灵隐烧香的盛况，在清末范祖述的《杭俗遗风》一书里有较详尽的描述："下乡者，下至苏州一省，以及杭嘉湖三府属各乡村民男女，坐航船而来杭州进香，均泊于松木场，或上岸自寻下处；或歇各寺院房头；或在船中居住。其船何止千数之多。早则正月尽，迟则三月初，咸来聚焉。准于看蚕返棹，延有月余之久。其能来者，均系乡间富户，所带银钱，无不丰足。故昭庆寺前后左右各行店面均皆云集，曰：赶香市。其进香，城内则城隍山各庙，城外则天竺及四大丛林。惟行大蜡烛，则天竺一处，城隍庙间有焉。其法：造数十斤大烛，用架装住，两人扛抬，余人和以锣鼓，到庙将大烛燃点即熄，带回以作照蚕之用。"

春季养蚕前夕，德清农村常有携带黄蟮蛇的民间艺人，俗称"放蛇佬"，上门乞讨，并演唱《赞蚕花》。蚕农俗信黄蟮蛇为青龙，认为青龙到则蚕花好，故蚕家都乐于向"放蛇佬"施舍，且均施舍绵兜，

故亦称"唱绵兜"，所唱歌词内容不外乎赞颂蚕花娘娘和祈求蚕桑丰收。

赞蚕花

青龙到，蚕花好，

去年来了到今朝。

看看黄蟒龙蚕到，

二十四分稳牢牢。

当家娘娘看蚕好，

茧子采来像山高。

十六部丝车两行排，

脚踏丝车鹦鹉叫。

去年唤个张大娘，

今年唤个李大嫂。

大娘大嫂手段高，

做出丝来像银条。

当家娘娘为人好，

滚进几千大元宝。

上白绵兜剥两绡，

送送外面个放蛇佬。

唱《马明王》　旧时德清一带养蚕有唱《马明王》的习俗。祝愿养蚕丰收和传播养蚕知识。养春蚕时，唱《马明王》的艺人，挑着一副担子，到蚕农家去唱《马明王》。唱好后，给蚕农家送张"蚕花五圣"或"马明王"（均为蚕神）、"蚕猫"的剪纸，蚕农家送以年糕、团子、几个铜钿或一点米为酬。唱《马明王》的，还用青紫泥塑制成扁平的着色泥菩萨（有"蚕花五圣"、"马明王"）和纸做小花（"蚕花"）供蚕农买。一两个铜钿买一朵花，半升米换一个泥菩萨。蚕农将"蚕花五圣"、"马明王"的剪纸像贴在门上，把蚕花粘在蚕匾里或插在门上，都是为了辟邪迎吉祥。把猫的图形制成剪纸，称为"蚕猫"，并把它贴在蚕匾里，因为鼠会吃蚕，而鼠怕猫，所以就制出"蚕猫"剪纸来，在蚕匾里贴一张，以免鼠害。

唱《马明王》的艺人不是专业谋生，而是季节性表演。每年清明至谷雨前两天为演唱活动时间，前后约半个月左右，到春蚕出乌蚁（幼蚕）时就停止了。有许多蚕农会唱，也不受季节限制，是蚕农们的一种业余歌唱活动，形式不拘，不配小锣，很方便。专业的演唱者，多是一些贫困农民，带乞讨性质，有的还带小囡出来演唱，以博得同情，争取多获得一些年糕、团子和米。

《马明王》蚕谣在蚕乡流传很广，全首歌词四十句，上下两句反复，每唱两句，间两记小锣，节奏感强。其内容是描述春蚕饲养的全过程，它描绘了旧时湖州一带的养蚕风情与习俗，也叙述过去古老的养蚕生产知识，介绍江南水乡古老朴素的养蚕经验。

马明王

马明王菩萨到府来，

到你府上看好蚕。

马明王菩萨出身好，

出世东阳义乌县。

爹爹名叫王伯万，

母亲堂上柳玉莲。

马明王菩萨净吃素，

要得千张豆腐干。

十二月十二蚕生日，

家家打算蚕种腌。

有的人家石灰腌，

有的人家卤池腌。

正月过去二月来，

三月清明在眼前。

清明夜里吃杯齐心酒，

各自用心看早蚕。

大悲阁里转一转，

买朵蚕花糊筐盘。

红绿绵绸包蚕种，

轻轻放在枕头边。

去年唤得张家娘，

今年要唤李家娘。

廿四部丝车排两边，

中央出路泡茶汤。

东边踏出鹦鸪叫，

西边踏出凤凰声。

敲落丝车称一称，

车车要称二斤半。

敲落丝车勿要卖，

不用到来年菜花黄。

南京客人问得知，

北京客人上门来。

粗丝银子用斛斗，

细丝银子用斗量。

卖丝银子吭处去，

买田买地造高厅。

高田买到南山脚，

低田买到太湖边。

来则保你千年富，

去则保你万年兴。

剪蚕花 养蚕时节，蚕农家家户户喜欢将剪纸图案贴在门上、窗棂上和养蚕器具上，剪纸图案大多是蚕猫、聚宝盆一类。蚕时，农家一般都养猫，为的是防范老鼠吃蚕宝宝或者咬蚕种纸、蚕茧等。剪贴"蚕猫"的另一个用意还有借助巫术来避鼠害，成为一种辟邪物。一般贴在蚕笪（圆形竹匾）上居多，或者跟神码放在一起。剪聚宝盆是对养蚕业的祈愿，蕴含"蚕花廿四分"的意义，它跟插蚕花、唱蚕歌一样，寄托的是蚕农美好的祝愿，祈望蚕茧大丰收。

扫蚕花地 清末至民国初期，广泛流传于德清县东部水乡地区的小歌舞"扫蚕花地"，多在清明时节出彩，蚕农纷纷请行乞的艺人来家里厅堂中表演"扫蚕花地"。艺人所唱的蚕花歌有多种，其性质多为发"蚕花利市"的"扫蚕花地"；也在乡村举行"抬马明王菩萨"，在庙会上表演。

望蚕信 《湖州府志》载："缫丝时，戚党咸以肠蹄鱼鲜果实饼饵相馈遗，谓之望蚕信（董蠡舟《乐府小序》）。有不至者以为失礼。盖非特蚕时禁忌，久绝往来，亦以蚕事为生计所关，故重之也

（《遗闻琐记》）。"蚕农到缫丝时，亲戚间都以猪蹄、鱼鲜、花果、糕饼等食品互相赠送，俗呼"望蚕信"。既是对前阶段蚕忙的慰劳，也是给正在日夜缫丝（脚踩手理）的辛勤劳动者增补些营养，均是实惠之举。

轧蚕花 清明前后，蚕乡男女都要到附近庙里祭拜，这时节，蚕乡的姑嫂妯娌们都梳妆打扮，穿红戴绿，怀里装着蚕花种，涌向新市镇的觉海寺及临近的含山、澉山，城关镇的乾元山，洛舍镇近界的东林山等处踏青、轧蚕花，还买五色纸轧花，祝愿"蚕花廿四分"。德清的轧蚕花以新市镇最为典型，民国二十年《德清县新志》卷二《风俗》记载："清明后，觉海寺有香市，村农妇女结伴成群，名曰轧蚕花，游手混杂，莫之能止。"轧蚕花时，人越多，轧得也越热闹，预兆当年的蚕花越兴旺，相传在轧的过程中允许碰一下女性胸脯，象征当年蚕花发之意。

送蚕花 据《湖州府志》转引《吴兴蚕书》："俗于腊月十二日、二月十二日，礼拜经忏，谓之蚕花忏。僧人亦以五色纸花施送，谓之送蚕花。"新中国成立后此种风俗湮没。此外，尚有做茧圆的习俗，亦是谢蚕神的一种表示。茧圆隔水蒸熟，实心无馅，形似蚕茧，均为糯米粉做成。当年祭祀蚕神的仪式往往成为某一地区的社会性活动，庙会即是此中一种。德清新市镇清明蚕花庙会远近闻名，轧蚕花流传至今，城关镇长桥河、二都镇下渚湖畔赛船习俗也很有名。德清一带蚕乡在端午节"谢蚕神",称之为"端午谢蚕花"。蚕农用猪头、肋条肉等牲礼来款待蚕神。姑娘们则在水边"豁蚕花水",以欢悦心情来庆贺蚕茧的丰收。

接蚕花　旧俗谷雨撒种前三五日"下蚕"（孵乌蚁）。"下蚕"时,一般要举行接蚕花的仪式。仪式开始时,先由男主人或民间歌手将一张蚕花纸和一张水印木刻的蚕花娘娘像交给女主人,并轻轻唱道:"称心如意,万年余粮。蚕花马,蚕花纸,头蚕势,二蚕势,好得势。采得好茧子,踏得好细丝,卖得好银子,造几埭好房子。"唱毕,女主人便将蚕花纸和蚕花娘娘像恭恭敬敬地收藏起来。等到蚕茧丰收并卖得好价钱后,再拿出来供请,名曰"谢蚕花"。接蚕花期间,妇女儿童头上,都要插一朵紫色的红花以示迎接蚕花娘娘的诚意。养蚕期间,蚕房门窗上,蚕匾蚕架上,都要插上纸花,以期茧子满室花开。接蚕花的时候,养蚕人家都要吃"蚕花粥"。"蚕花粥"是用糯米加赤豆、枣子、栗子煮成的,再加上白糖,香甜可口。当蚕宝宝过了三眠（出火）,丰收基本定局时,家家户户做茧圆。一面供请蚕花娘娘,一面互相赠送,互致慰劳。清代文人黄燮清《长水竹枝词》描述此风俗:"蚕种须教觅四眠,买桑须买树头鲜。蚕眠桑老红闺静,灯火三更作茧圆。"

二、日常生活与蚕习俗

蚕民的衣食住行、生老病死,无不渗透蚕桑生产的影响,形成独特的民俗。

送蚕花 旧时男女定亲时，女方常送一张蚕种或几条蚕作为定亲信物，叫作"送蚕花"；男方母亲须着红色丝绵袄去接，称作"接蚕花"。

桑树和蚕桑器具陪嫁 许多蚕乡在女儿出嫁时用两棵小桑树和一枝万年青陪嫁，还用蚕火（蚕室照明用的灯架子）、发篓（采桑用的小竹篓）等蚕桑用具作为嫁妆。

看花蚕 杭嘉湖一带蚕乡的新娘子嫁到婆家第一年，都要独立养好一张蚕种的蚕，接受考验，称为"看花蚕"。

讨蚕花蜡烛 青年男女新婚时，女家邻居送一些白米，后向女家讨蚕花蜡烛，女家事先将男家送来的蜡烛分送邻居，或允许邻居动手"抢"，这些邻居得到蜡烛后回家点燃，认为是一种祥瑞，可保蚕花兴旺。

撒蚕花 旧时，德清乡间新娘进男家门时，喜娘要向四周撒一些钱币，供众人拾取，称为"撒蚕花铜钿"，同时唱

撒蚕花

民歌《撒蚕花》，最后三句是"今年要交蚕花运，蚕花茂盛廿四分，茧子堆来碰屋顶"。我国自古婚庆即有"撒帐"习俗，用枣子、花生等撒于新房内，寓"早生贵子"。撒蚕花当为撒帐习俗的衍变，带有蚕乡地方特色。

戴蚕花　旧俗流行用红色彩纸扎成纸花，称"蚕花"，传言为西施所创。妇女戴于头上或鬓边，也就带回了蚕花喜气。清人朱恒《武原竹枝词》云："小年朝过便焚香，礼罢观音渡海航，剪得纸花双鬓插，满头春色压蚕娘。"民间又有蚕花歌："蚕花生来像绣球，两边分开红悠悠，花开花结籽，万物有人收，嫂嫂接了蚕花去，一瓣蚕花万瓣收。"近年在德清新市镇清明庙会上，有绢料制作的红色蚕花出售，制作精美，游人多购以簪佩。茧花也是蚕乡妇女的饰品，她们用去蛹的蚕茧剪成花朵，置于鞋头，绣以彩绒，作为鞋头的装饰。

戴蚕花

请蚕花　蚕花娘娘

生日这天晚饭前，用蒸笼一只，内置鸡蛋两个、猪肉一碗、米粉圆子四只，以及酒盅、筷子等器具；另置蚕花娘娘纸马一张、排锭一副，再将盛有上述诸物的蒸笼端至门外，焚香点烛后，烧掉蚕花纸及排锭。这时，邻里孩子围上来把蒸笼中的食物一抢而空。习俗认为抢吃得越快，则蚕花越旺。

经蚕肚肠　　"经"作动词，有织之意。此习俗流行于桐乡与新市一带。每当新婚次日，堂屋中用椅子围成一圈，中置拷栳，上放面条、蚕种纸、秤杆等物，喜娘领新娘围椅子旋转，把红色的丝绵线缠于椅背。此仪式寓有缫丝劳动之意，所用各物象征蚕花丰收，幸福绵长，称心如意。举行仪式时，喜娘唱《经蚕肚肠》民歌，歌词有从第一转至第十转的祝词，缠绵回环，甚具祝福之情。

扯蚕花挨子　　蚕花挨子即丝绵胎，是旧时丧葬习俗。死者入殓时，亲属按长幼亲疏，每两人依次用手扯一张薄薄的丝绵，盖在死者身上，越厚越体面，有保护死者遗体之意，也含有请死者保佑后辈生活安康、蚕花丰收的祈求。此种习俗也称为《讨蚕花》，扯丝绵时亲属唱《讨蚕花》民歌。

盘蚕花　　旧时丧葬习俗。死者入殓前，亲属绕遗体三圈，口中念念有词，称"盘蚕花"。这时点燃的灯烛未熄尽，亲属可带回，亦称"蚕花蜡烛"，置于蚕室中可保佑养蚕丰收。

洗蚕花手　　新市觉海寺每年清明节举办香市庙会，庙中灵泉山

前有灵泉，水质清澄，游香市时妇女必在池中洗手，寓意回家能养好蚕，称为"洗蚕花手"。

蚕关门、蚕开门　蚕事开始，乡村家家闭户，以芦帘围绕屋外，杜绝往来，官府停征收，里闻庆吊皆罢，谓之"蚕关门"。至采茧时，亲戚问遗，谓之"蚕开门"。

蚕花饭　蚕农卖茧、卖丝之后，祭谢过蚕花娘子，就吃蚕花饭。蚕户主给家里每个人买点礼物。在德清、武康一带，"蚕罢枇杷"是不可少的。童谣唱："枇杷枇杷，隔冬开花，要吃枇杷，明年蚕罢。"

祛蚕祟　与祭祀相辅而存在的另一种古老习俗，在蚕乡俗称"祛蚕祟"。古人以为在冥冥之中有一种凶神恶煞，如白虎星之类，妨碍养蚕，所以需将它赶走，或时刻防范着它的侵入，这就是"祛蚕祟"的由来。旧时，祛蚕祟的办法五花八门：摆上供品请它吃一餐，祈求它别来作怪；或用石灰画成弓箭形，借助神明之力，可驱赶蚕祟；或干脆贴个门神来保护蚕室；或请巫师作法祛蚕祟；还有清明吃螺蛳，等等。吃螺蛳和祛祟有何关系？据年长的老人说，病蚕俗称"青娘"，据说它的灵魂是躲在螺蛳壳里的。清明这天吃螺蛳，把青娘赶出螺壳，叫"挑青"。青娘无处藏身，就远走高飞，这在古代称为"厌殃法"。在湖州一带，旧时尚有"驱赶白鲎"的习俗。鲎，是吴语方言中对虹的称呼。每当养蚕旺季，虹这股白气如果下垂到谁家蚕室，蚕被击中就会中邪，不出茧。所以蚕农一见白鲎，就聚集起来，敲锣打鼓，鸣放爆竹，大声呼喊，以示驱赶，其实这种所谓的白鲎，是低气压产生的一种山谷雾障，对养蚕确实不利，却并非聚众呼喊就可以驱赶走的。古老的祛祟习俗在日后的传承中大多被淘汰了。新中国成立后，人们所见到的则是古老蚕俗的一些碎片。"扫蚕花地"成了民间舞蹈，"踏白船"成了体育竞技，"蚕花谣"成了民歌，"戴蚕花"成了妇女头部的传统装饰，"蚕猫"成了民间工艺品，做茧圆、吃蚕花糕点则成了饮食习俗。

三、蚕桑生产习俗

浴种是养蚕的第一道工序。一张小小的蚕纸上布满了蚕宝宝的生命，人们唯恐其不洁，因此必须在一个特定的日子郑重其事地浴种，具体做法各地不同。据清同治《湖州府志·蚕桑上》记载："取清水一盆，向蚕室方采枯桑叶数片，浸以浴种，去其蛾溺毒气。或加石灰或盐卤。浴后于无烟通风房内晾干。忌挂于苎麻索上，孕妇产妇不得浴。"其实，浴种是为了清洗蚕种纸，杀灭细菌和淘汰劣种，使将来孵出的蚕宝宝更为强壮。浴种的日期各地也不同，很多地方选择在腊月十二这一天，也就是蚕花娘娘的生日。当日，还要举行祭蚕神的仪式，请蚕花娘娘保佑来年蚕事顺利。有的地方则在清明前浴种。

春天，假如天气热得早，清明时分，那棵棵桑树已抽出尖尖的小指头般的嫩叶。"清明雀口，看蚕娘娘拍手"，这是个好兆头，当年桑叶会长得很好。在清明蚕事开始前，蚕乡还有各种隆重的祭祀

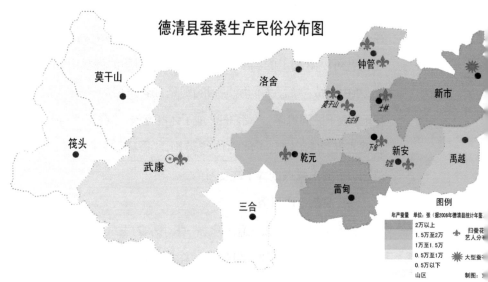

蚕桑生产民俗分布图

活动, 如轧蚕花等。临近谷雨, 蚕妇们卷起袖子, 开始下河洗蚕具。
乡村的河浜、溪塘边, 到处洋溢着妇女和孩子的欢歌笑语, 人人心
中都怀揣着希望。洗蚕具、修蚕台、扎蚕蔟, 一切都在有条不紊地进
行。蚕室也要早点收拾好, 所有的门缝和窗户都得用纸糊上, 必须用
洁白绵薄的桃花纸, 以透光亮。养蚕蚁的蚕笪也要糊好, 并贴上请
回家的蚕花娘娘的码张。所有的墙洞都得堵死, 以防止老鼠偷吃蚕
儿。最后在蚕室的大门上张贴书有"育蚕"或"蚕室知礼"的红纸,
防止养蚕重地有生人误入, 冲撞蚕花娘娘。同时张贴的还有用红纸
剪成的"蚕猫"。

　　整理安置好蚕室，谷雨也一天天临近。家家户户将蚕种纸包好，将其适当加温，蚕卵便渐渐由褐色转成绿色，那是出蚁的前兆。蚕娘把蚕种贴身暖在胸前，以人的体温来孵化蚕种。她们白天抱着蚕种不敢多动，晚上抱着蚕种睡到被窝里，内心的惊喜与恐惧像是怀着自己的婴儿。全家人都惴惴不安而又兴奋地等候那些蠕动的小生命的到来。终于，收蚕的日子到了。

　　收蚕也叫收蚁，是整个养蚕活动中最神圣的日子，蚕农郑重其事地举行祭祀蚕神的仪式。蚕乡习俗，收蚁那天烧饭时，如果热气直往上冲，就预示蚕事大吉。蚁蚕身体发黑，也叫"乌娘"。收蚁时撒灯芯草末子和用秤杆挑布子，是取称心如意之意。鹅毛绵密而柔软，用它来拂蚕蚁最合适。头簪蚕花是为了表示对蚕花娘娘的尊敬。野

《天工开物图录》中关于养蚕的场景

花碎片也是保护蚕蚁的，有的地方拌入切细的嫩叶，蚕蚁在花香的
刺激下纷纷爬到叶面上吃食。紧张而艰辛的蚕月开始了。

　　乌娘蠕动开始吃桑叶，蚕体渐渐转白。约三天三夜后，蚕进入
休眠，称"头眠"，眠一昼夜醒来，恢复吃叶。三天三夜后，蚕儿再度
休眠，称"二眠"，也眠一昼夜。等第三眠时，蚕体渐大，气候转暖，
蚕室里可取消炭盆，故俗称"出火"。每次蚕眠，蚕宝宝都静静地躺
着，如睡着一般。此间，蚕农们可忙中偷闲，略事休整。每逢眠关，
蚕户都要用好酒好菜祭祀蚕花娘娘，同时全家人也托蚕神的福，趁
机改善一下伙食。蚕宝宝的最后一个眠关是大眠。此时，蚕身已有

蚕宝宝渐渐长大，蚕农们就把它们移到蚕室地上，俗谓"落地铺"

婴儿手指般粗细，蚕匾里已容不下，蚕农们就把蚕宝宝放在室内地上，俗谓"落地铺"，或放在大蚕匾上。旧时在分蚕时有"捉眠头"的习俗，以计算产茧量。一般每只大蚕匾能放大眠蚕六斤（有说四斤），每产蚕茧一斤为蚕花一分，一般正常年景为蚕花八分，如果达到蚕花十二分，就是极大的丰收了。

娄金连养蚕

大眠之后，蚕忙进入高潮。此时的蚕乡，桑林成荫，绿海茫茫。大眠以后的蚕宝宝称老蚕，老蚕不分昼夜，一个劲儿地吃叶。铺上去的桑叶一会儿便被风卷残云般地吃

采桑乐

尽，生青滚壮的蚕宝宝嗷嗷待哺，蚕妇们只能没日没夜地采叶、喂叶，忙得连睡觉的工夫都没有。如果这时桑叶不够吃了，必须连夜到市上去买叶，绝对不可耽搁。终于，蚕宝宝不再疯狂吃叶，蚕身变得透明，这就是快要做茧的熟蚕了。蚕农们赶紧在蚕室里架起山棚，在山棚上插满蚕头，将蚕宝宝放到山棚上，让其爬到蚕头上做茧，俗称"上山"。山棚四周要团团围住，并生火加温。三天后，蚕已成茧，蚕花好歹都已成定局。蚕农撤去围护山棚的物件，将窗户打开，俗称"亮山头"。如果看到山棚上是白花花的一片，这家人就快活得眉开眼笑；假如稀稀拉拉没多少茧子，就只能愁眉苦脸默默落泪。

上山

在艰辛而紧张的蚕月里，乡村里一切交谊活动全部停止，好像无形中发布了一道戒严令，家家户户关起门来不停地忙，相关禁忌也很多。20世纪50年代以后，由于科学养蚕的提倡，蚕禁忌越来越少，但很多口头语言因此保留下来。终于等到蚕宝宝上了山，家家户户"亮山头"了，方才房门洞开，称为"蚕开门"。各家的亲朋好友这时便都来"望山头"，用有特殊意义的礼物如软糕、线粉、梅子、枇杷、咸鱼等相互馈赠，如"水糕"谐音"丝高"，"咸鲞"寓意"有饷头"。

采茧过后是缫丝，通常是在小满节气前后。旧时，在没有机械缫丝厂及收烘蚕茧的茧行时，蚕农们都是自己做丝的。在廊屋或厢屋里砌起"行灶"，架起丝车，蚕妇在丝车前手脚并用。蚕乡到处响起"咕咕"的丝车声。一些不能缫丝的茧子如同功茧、鹅口茧、黄斑茧就用来敨绵兜，日后做丝绵衣裤和丝绵被。明清时期，杭嘉湖蚕乡出产的蚕丝不但数量多，而且质量特别好，尤其是湖州一带的辑里湖丝，更是闻名海内外，有"湖丝遍天下"之美誉。蚕农将丝卖给镇上的丝行，以换取足以维持一年开销的银钱。只要春蚕好，蚕农的心里就踏实，就开心。鸦片战争后，五口通商，上海等地开始出现了洋行和机械缫丝厂，他们在蚕乡纷纷开设茧行，鼓励蚕农直接向茧行出售鲜茧。民国时期，蚕乡各镇上也陆续开出了缫丝厂，蚕农们渐渐不再做丝，而改作售茧了。春茧一上市，蚕农们便船装肩挑，将一担担雪白的蚕茧运到附近镇上的茧站去出售，人来人往，熙熙攘攘。如果当年蚕花好，又卖了好价钱，蚕农欢欢喜喜买些日用杂货等，高高兴兴地回家。

新茧或新丝上市后，自然要谢蚕神。蚕农们将新茧或新丝陈列在神位之前，供上三牲、香烛，祭祀叩拜，再说上几句对蚕神感谢的话，称为"谢蚕神"。一年当中最重要也最神圣的春蚕生产，至此就结束了。

四、民间传说

德清有关于蚕鸟的传说，从前，德清一带没有蚕桑，一位善良聪明的姑娘立志到北方去寻找蚕种。乡亲们为她做了百家衣、百家鞋。她历尽千辛万难，终于取到了蚕种，又怕赶回来误了季节，心里一急，变成一只鸟飞回来。从此，家乡有了蚕桑。每到春蚕季节，蚕鸟总是一遍遍地叫着："宝宝好啰，宝宝好啰！"。

还有一个故事则与孝女有关。据《西吴里语》记载，明代天顺年间（1457—1464），湖州德清有一位蔡姓孝女，有一次跟着母亲上山去采桑。突然山中跑出一只老虎，将母亲叼走。女儿不顾自身安危，奋力与老虎搏斗，最后母亲得以脱离虎口，女儿却因伤势过重而死。孝女家是养蚕的，家中的蚕宝宝在孝女死后，突然三日间全部结茧，乡人惊讶，认为是女儿的孝行感动了蚕神所致。

"蚕"字来源　很久以前，有姐弟二人到山上去割草，他们走了很长时间，在山里的深处发现了很多五颜六色的茧子。他们发现很好看，就采了很多，装满了自己割草的箩筐，准备回家。姐姐对弟弟说："如果这些茧子有用，明天我们还来采。"弟弟说道："那好，我们就用树叶撒在路上做记号，以便明天知道来的路。"他们就一片一片地撒在路上。回到家后，给村里人看了，村里人说这种叫茧子，可以拿来织布做衣，还可以绣花等。姐弟俩开心得很，说："明天带你们去采，那山里有很多很多。"姐弟二人第二天带了乡亲到那座山上，原来用树叶做记号的道路上长满了树，这些树就是参天的桑树，同昨天的路不一样了，姐弟以为走错路了，他们没有找到，却发现这些树上爬满了一种虫，这些虫很可爱，他们就捉了很多回家来饲养，后来，这些虫就为他们做了五颜六色的茧子，很好看。姐姐名叫阿巧，生得非常聪明，她就把茧子做丝，织布，做出了很多好看的衣裳。从此，人们把这种虫称为"天虫"，后来人们把"天虫"两字合二为一，就是现在我们称呼叫蚕宝宝的"蚕"字。

（口述者：陈阿林［1940.10—］新市镇韶村村四亩兜）

吊孝龙蚕 从前有一蚕农，东家有三个儿媳妇，已分居自创农业，小儿媳是"呆大"，当时养春蚕的第一道工序是清明前头寒时浴种。方法是：用麦秧、油菜秧放在脚桶里捣散，用水浸一下，将蚕种放进去浴一下，即催春。小儿媳不会做，由大儿媳来教她。可是大媳妇怀着坏心教她。教她用两个指头捏住蚕种的一角，用开水泡一下就是了。结果蚕种子全泡死，只剩下指头捏住处的两个蚕子。呆大媳妇就是养了这两条蚕。这两个蚕宝宝越养越大，成了龙蚕，真要发财了，其他两个媳妇养的蚕宝宝得到了龙蚕的培养，全成了将蚕，大媳妇眼红了，怨小媳妇发财，自己吃亏，她偷偷到呆大媳妇家去把龙蚕打死。哪晓得，两位聪明媳妇养的将蚕得知龙蚕去世后，全部跑去向龙蚕吊孝了，后来也不回家，为呆大媳妇发了财。大媳妇痛哭一场，后悔莫及。

（口述者：嵇勤法［1943.06—］新市镇厚皋村俞介埭）

[叁]蚕事与庙会

一、蚕事俗称

"蚕事吾湖独盛"，"然护养之方，早晚之候与器具，名物，禁忌，称谓。如秦少游所云，充地异于吴中"。在长期的蚕丝生产活动中，湖州这块古老的地方，形成了自己独特的历史久远的蚕事称谓。

蚕宝宝　蚕的俗称。称呼起于清代。明代称"俗谓春宝，一年生计诚重之也"。养蚕刻刻防其致病，受一分病则歉收一分，所以在清代又俗称蚕为"忧虫"。

蚕有头蚕、二蚕至五蚕。头蚕即春蚕，二蚕即夏蚕，三蚕即秋蚕。秋蚕又分早秋蚕、中秋蚕、晚秋蚕。谚云："春蚕是大头，夏蚕是搭头，秋蚕是添头。"饲育蚕宝宝，湖州地区称养蚕。旧时多养春蚕。二蚕称晚蚕，养者甚少，这只是妇女养的"白相蚕"，用来缲粗

蚕宝宝

丝织土绸。培蚕唯桑是赖，自宋代起至民国，谓"栽（桑）与秒（叶）最为稳当，不者谓之看空头蚕"。又有称作"头二蚕"的，说是"二蚕茧蛾子生种谓之头二蚕种"，于次年清明后即掸而养之，收茧时头蚕刚刚大眠。头二蚕养者很少，茧亦不缫丝，"其茧壳，茧黄，蚕沙皆入药，其僵者尤不可得，治痘有回去生之功"，原因是"时方春秒，蚕亦得清淑之气，故堪治疾"，所以又称作"殆珍"。

叶 桑叶，俗直呼"叶"，采桑叶，通谓之摘叶。按照蚕序，叶亦有头叶、二叶、三叶之称。霜降后采下老桑叶，冬季无草时喂羊最宜，俗谓之羊叶。以上俗称，起码南宋以前早已流行。买卖桑叶皆称

为"秒"或称为"稍"。明代朱国祯著《涌幢小品》称"秒",说:"湖之畜蚕者多栽桑,不则预租别姓之桑,俗曰秒叶。"大约养蚕1斤用叶160斤,秒者先立约付款者用银4钱,称为现稍,待蚕毕后偿还者,得用银5钱加杂费5分,称为赊稍。"立夏三日四乡采桑贸叶,名叶市";经营桑叶买卖的名"青桑叶行"。如清嘉庆年间(1796–1821),菱湖镇的叶行集中在安澜桥一带,至光绪间四棚都有。

浴蚕 蚕事最初的活动,浴种与瀹种的俗称。包括两个过程:其一浴种,在蚕花生日的腊月十二,取清水一盆至蚕室,采枯桑叶数片浸以浴种,谓"去其蛾毒气"。浴时,或加石灰或加盐,加盐为盐种,盐撒种布上,用冷浓茶水喷湿,湿透后露置晾干,刷去盐。加石

湖畔蚕桑

灰为灰种，将蚕种浸入温石灰水中，称为杀种，以线香一支燃尽为度，取出沥干，晒燥。其二瀹种，至寒食这一天，将盐种或灰种与油菜花、豆花一块投入微温的蒸祀灶团子的汤中，浴后晾干。湖州浴蚕之称，最迟可上溯至宋代。宋代诗人梅尧臣在他的《游雪溪》一诗中写道："蕨生楚客将归日，花暖吴蚕始浴时。"可见悠久。至清代，"嘉平二七良日逢，以水浴种当去冬，今年又到清明夜，浴蚕例与残年同"。俗称寒食为清明夜。寒食浴蚕，其俗久远。

护种　俗呼蚕种催青为护种，又称"焐种"，由来已久。清明后，谷雨前用丝绵包蚕六七天，或以帕裹之放入熏笼一夜，叫作"打包"。天暖置热被窝内，天寒则入身抱于胸前，翁、妇均可。焐后蚕子变绿称战色，待全绿后即可收蚕。初生之蚕俗名乌儿、乌蚁，故收蚕亦称摊乌。出蚕以谷雨为期，谚云"谷雨不藏蚕"，清人沈炳震《蚕桑乐府》云："晏漫暖气长融融，阿翁晚睡抱当胸，非关新妇好安眠，哺儿时复开胸前。"

借蚕本　旧时农民养蚕缺乏资金，向富家借贷，俗称"借蚕本"。蚕毕卖丝得钱后偿还，"息其什一，每千钱偿息百钱，谓之加一钱"，加一钱以夏至为限，超过时间则另外起息，名为小利。借蚕本之事，湖州及郊区双林、南浔、菱湖、德清、武康、长兴等地均有之。至民国时期，本息之息远超息其什一。"凡十至二十天的短期借，利息一二分，即借一元钱，还息一二角；凡一月期的上月借，利息四五分,到期未还,则本加利,利滚利"。所以清人董蠡舟有诗说:"子母偿清线卖矣,最来依旧囊如洗","二月新丝五月谷,为谁辛苦为谁忙。"

捉眠头　蚕食叶三四日而眠,眠一二日而起,是为初眠,俗称"头眠"。自初眠、二眠至三眠约半月。三眠称"出火"。旧法小蚕用火,至二眠去火,但"出火"之名仍相沿不改,"出火"后再眠叫大眠,亦称"末眠"。眠后则起,共四眠起。眠起则挪置他器,称为"捉眠头"。

山棚、上山、回山　让蚕作茧的蔟架为"山棚"。蚕老将作茧前先"因地制宜、牢固平稳"地扎蔟架,称为"缚山棚"。屋多,则与地蚕分处一室;屋少,即于地蚕之上架棚。用竹或木缚扎,悬于梁,一般"离地约五尺";东乡较低,离地四尺,是为近火。棚上覆盖芦帘,不留空缺,作为蔟箔。湖地缚山棚素有许多经验之谈。如山棚不宜紧靠墙壁,且能高则尽量置于高处,这是因为蚕性好高,但又不能太高,太高不能收火气,太低棚下不便行人。又如山棚忌闷,以疏爽为主,所以最好搭在楼上。棚又宜宽,"蚕多棚小则同宫茧必多";棚还宜暗,老蚕见光亮辄游走无定,故蚕上齐后即关闭所有门窗。

蚕将熟时"上山"。蚕老则昂首,遇物则缘而上,于是次第匀撒出棚(草帚)上,称为"上山"。"上山"后一二日即作茧。山棚上采蚕,称作"回山"。茧作五日蚕已化蛹,始可采茧。明代时,"下山"又

结茧子

称"落山"。"三日而开户，曰亮山，五日而去藉，曰除托，七日而采茧，为落山。"

蚕娘 蚕一生中称"娘"特多。眠初起，身蜕而嘴不蜕者，称"多嘴娘"；蜕而口不能开者叫"干口娘"；蜕肤半身而止者，谓"著衣娘"。蚕眠时有不眠而食叶者，称"食娘"（亦称"青条"）；眠起者为"起娘"。不上叶之蚕叫"瘪娘"。分薙后蚕沙中留下之蚕，俗义"离娘"，意即离散，当搜剔净尽。"出火"后间有小蚕，是为"长娘"，俗又名"长筐蚕"。蚕将熟将"上山"，脰节莹彻，叶丝缭绕，称为"缭娘"，亦名"考娘"，考为老的转音，或作巧。

蚕称"娘"，蚕神亦称"娘"。蚕神西陵氏嫘祖，就称为嫘祖娘娘。古代湖州府治照磨所故署立有她的神位，又建有蚕神庙。蚕神又有马鸣王菩萨，旧时含山顶上蚕花殿，湖州城内丝业会馆均供奉，俗称为"马头娘"、"蚕花娘娘"。蚕之称"娘"，蚕神之称"娘"，二者不辨先后，可见湖州育蚕历史的悠久。

蚕异裸蛹 南宋时，湖州流传一故事，说朱家墩村朱佛大者，递年以蚕桑为业，因为十分信佛，得此名。绍熙五年（1194），他所养的蚕三眠将老，其一忽变异，体如人，面如佛，其色如金，眉目皆具。即装于盒内供于佛堂，使邻舍观看，经数日，已化为蛾，即飞去。

这一故事带有迷信色彩，实为蚕病之故。明代湖州已有"大起则薙，薙则分箔……薙迟则气蒸，而蚕多湿疾"的记载。"有此疾，则成白肚"。其干白吐无丝，不成茧，称"活婆子"。"又有一种丝肠而不成茧者，今称'缩婆子'。而蚕多相挤碰撞。上蔟后也有一成茧的，成嫩老翁，赤蛹。"蚕不成茧而自化蛹，成蛹则化蛾，即今称作的"裸蛹"。从朱佛大的蚕异，到现在的裸蛹，湖州蚕事更趋发展和成熟。知其病而防病，湖州蚕丝业所以数千年相沿不衰。

做丝 明代已有做丝的称谓。当时，"土人称缲丝曰做丝"，清代相沿，称："煮茧抽丝古谓之缲，今谓之做。"又有"他处携茧至湖滨缲之者，谓之南茧北做"。清代董恂《南浔蚕桑乐府》云："邻家老翁身手好，一样作丝更光腻。"屠鲸《寓居七里村初夏遗兴》："做丝花

落做丝忙。"湖州
民歌《龙蚕娘》、
《扫蚕花地》有
"做丝伙计手巧
精，车车要脱百两
零"，"做丝娘娘
手段高，车车敲脱
一百两"的诗句。

择茧子

敹绵兜 俗称作绵为敹绵兜，敹在手上称"手绵"，用竹环敹之称"环绵"。绵如兜，故有"绵兜"之称。绵兜须层层匀展，内外厚薄如一。绵中的上品，是"同宫茧所作，谓之纯绵"，也叫"同宫绵"。又有头蚕绵、二蚕绵，头蚕绵韧，二蚕绵松。湖州敹绵兜由来已久。隋唐时《吴兴图经》已记载，宋代武康所出绵兜号称"鹅脂"，是皇室贡品，至明代已普及全湖州府。旧俗，敹绵兜时，捏泥为猫置筐中，说是为了辟老鼠，称为"蚕猫"。

蚕女 缫丝未尽的茧，称软茧。剥软茧作绵，为绵中下品。"茧中蛹，俗谓之蚕女"。蚕女用油煎炒可食，味道香喷鲜美，称为"炒蚕女"。董蠡舟《南浔蚕桑乐府》对剥蛹有如下描述："剥来蚕女煎作鲊，堆盘还足充庖厨，投箸令予三叹息，藉尔谋生翻尔食。"古代民间，用蚕女治疗各种虚症，蚕女入药。现代科学从蚕女中提取复合氨基酸，内有八种人体必需的成分。1990年研制出的"天龙要素膳"，对癌症、肝硬化患者疗效较好。蚕女中提取的氨基酸，广泛应用于饼干、果酱等食品之中。

二、养蚕禁忌

蚕乡视蚕事为神圣之业，为确保蚕茧丰收，定出不少禁忌。据《吴兴

敲绵兜

蚕书》载："蚕初生时，忌屋内扫尘；忌炙剥鱼肉；忌油火纸于蚕屋内吹灭；忌侧近舂捣；忌敲击门窗，槌箔；忌蚕室内哭泣；忌污秽淫辟；忌未满月产妇作蚕用；忌带酒人切叶饲蚕；忌一切烟熏；忌灶前热汤泼灰；忌产妇孝子入家；忌烧皮毛乱发；忌酒醋五辛、膻腥麝香等物；忌当日近风窗；忌西照日；忌正热著猛风骤寒；忌正寒陡令过热；忌不清洁入蚕室；忌蚕屋近秽。"曾任湖州推事的明代学者谢肇

说："吴兴以四月为蚕月，家家闭户，官府勾摄及里往来庆吊，皆罢不行，谓之蚕禁。""蚕时多禁忌，谓之'关蚕房门'。收蚕之日，即以红纸书'蚕禁'二字或书'蚕月知礼'四字贴于门，猝遇客至，即惧为蚕祟。"

养蚕为湖地百姓"生计所资，视田几过之"，所以"用力倍劳，视慈母之护婴儿殆有甚"，湖州俗称蚕为"宝宝"，精心饲养，比慈母护育婴儿有过之而无不及，悉心调理蚕之饥饱、寒暖、燥湿，小心提防鼠蛇食、蚁蝇叮、油腥熏、病害侵，昼夜细心饲育，蚕姑往往一宵

贴蚕猫

德清扫蚕花地

蚕猫

起身六七次，艰辛备尝，农家之"合家赋税，吉凶礼节，亲党酬酢，老幼衣著，唯蚕是赖，即唯健妇是赖"，故蚕妇们"不遗余力，蚕不旺辄忘餐废寝，憔悴无人色"，这是因为所系身家责任重大的缘故。育蚕季节正逢农忙，男子无暇为蚕事出力，直至"铺地后及缫丝可以分劳"。时人所谓"自头蚕始生，至二蚕成丝，首尾六十余日，妇女劳苦特甚"，蚕事"自始至终妇功十居其九"，若"齐鲁燕赵之间，养蚕收茧讫，主蚕者（蚕妇）簪通花，银碗谢祠庙，村野指为女及第"。湖地育蚕胜育儿。

讨彩，凡蚕室用具，如蚕匾、木集、蚕筐、丝车等均贴上方形红纸或饰以纸花、符篆等，或贴上"蚕花廿四分"合体字一个：以"花"字为本，在其末笔弯钩内竖书"蚕花廿四分"，以示吉利。蚕时若近亲登门，赠一新鲜桑叶，象征送蚕花。

语言禁忌颇多。养蚕期间，忌讳"鼠"、"僵"、"亮"、"扒"、"伸"、"冲"等。将老鼠称"夜佬儿"、酱油叫作"颜色"、天亮则称"天开眼了"；平时称蚕不叫蚕，叫"蚕宝宝"。蚕长了不叫"长"，而叫"高"。蚕不能数数，说是数了会减少。还要忌"四"，方言中的"四"与"死"同音，所以"四眠"称为"大眠"。忌说生姜，避"僵蚕"之讳。忌"伸"，因为蚕死了才是伸直。忌称豌豆，避"完结"之嫌，餐毕只能说吃好了。忌说"葱"，以免犯"冲"，豆腐之"腐"也忌，雅称"白玉"。忌叫"鸭"，以防压死蚕宝宝，改称"连连"（赶鸭时的吆喝声）。蚕室禁忌淫辞秽语，禁传私生子一类逸闻，因"私"与"丝"谐音。在养蚕季节，说话要很小心，不可说忌讳的话，否则，养蚕人家会有反感情绪，影响邻里关系。并忌破匾养蚕，认为破匾即塌匾，将预兆"倒蚕"，故再穷的人家都宁愿借债购买新匾，也不愿用旧匾。

行为禁忌。旧时蚕房中偶尔碰到有蛇进入，禁忌惊呼和扑打，蚕农们认为这是"青龙"巡游，会福佑自家的蚕事，故要叩拜斋供，任其自去。

幼蚕时忌室内掸尘，忌生人进入蚕房，忌讳戴孝之人进入蚕房，忌爆鱼肉、起油锅，忌敲击门窗，忌蚕室内外哭泣，忌未满月产妇作蚕娘，忌灶前热水泼灰，忌讳在蚕房内晾挂妇女的内衣内裤，并忌讳育蚕期间夫妻同房。这些禁忌，反映了旧时蚕农们对蚕宝宝敬若神明、小心谨慎、兢兢业业的一种心态。如今，这种禁忌已随着科学养蚕的推广而逐渐消失。

蚕农对科学知识了解不够，在养蚕季节产生了许多禁忌。在杭嘉湖农村，每年4月，在这个被称为"蚕月"的关键时节，蚕农总是战战兢兢，格外小心谨慎，生怕一点意外导致全年蚕茧收入泡了汤。蚕农浴种（蚕种消毒）必须在一个特定的日子，事先要祭祀蚕神。采桑的时候，新手一定要向前辈行家讨教才能够出门。一旦桑叶吃紧，蚕农便心急火燎，因为神仙难测桑叶价。为了防止病毒、虫兽之害，养蚕前要打扫蚕房，清洗蚕匾，张贴用红纸剪成的猫、虎形剪纸等，以防止老鼠侵害。在蚕室门上贴写有"育蚕"、"蚕月知礼"等字的红纸，祛灾辟邪，并且谢绝生人进入，甚至亲友之间也暂停相互来往，即所谓"蚕关门"。而蚕室里面的禁忌，更是名目繁多。显然，有些禁忌是为春蚕生长创造良好环境，有些禁忌则纯粹是迷信和风俗习惯。应该说，中国传统文化中各行各业都有禁忌，但是像养蚕禁忌之多之严之繁琐，恐怕是绝无仅有的。

蚕花剪纸

三、蚕花剪纸

德清蚕花剪纸历史悠长，据剪纸艺人的传承谱系推算，至少也有百年以上的传承。剪蚕花习俗一直盛行于民间乡野，颇受百姓欢迎。后逐渐演变为运用于各种传统节庆场合，剪纸艺术的形式与内容也不断延伸和扩展。过去，乡村养蚕家家户户必育猫以防鼠患，称为"蚕猫"（《道光·武康县志》"物产"篇）。后来，专门有人用红纸剪出猫类图样，卖给蚕农，蚕农将其贴于屋内各处，以示祝愿蚕事丰收，即"蚕花廿四分"。

剪纸艺术长期与蚕桑生产相结合，并形成了以"剪蚕花"为符号的生产习俗，同时融入各种婚庆岁时节令礼仪中，成为民间一种讨彩头、图吉利的形式。

蚕花剪纸不仅是单一的普通手工技艺，还是纵向传承、横向传

蚕花剪纸

蚕猫

播的民俗,它传递蚕文化民俗信息,具有民俗研究价值。剪蚕花民俗
还见证邻里乡亲友好互助的人际关系,具有社会学价值。近年来,
德清恢复和传承以钟管镇东舍墩村民间艺人汤小娥为核心的剪纸
手艺,在其影响下,成立了剪纸教育基地,通过现场传授,成立学校
剪纸课题组等形式,将剪纸艺术扩大到教育领域。

当下,德清传统蚕花剪纸技艺仍面临濒危局面,全县会剪纸的
老艺人零星散落在各村镇,人数不多,且年纪偏大,许多因年事已高
无法继续从事此技艺。现代农业的兴起,呈现多元化生产,蚕桑生
产地位下降,其习俗和意识也随之淡化甚至消失,尤其在年青一代
人的心里,成为了过去的代名词。

蚕花剪纸是在一定时间和空间下的历史产物,具有明显的地域
特征,主要分布范围在德清东中部地区。新中国成立后,逐渐形成

了以钟管、乾元为中心的剪纸艺术文化圈。

蚕花剪纸内容丰富，有单纯的蚕花系列，有适合节庆场合如婚礼上的剪纸等。清明养蚕时，人们打扫房舍，把吉祥蚕花图案贴于大门、蚕房、养蚕器具上等，具有企盼丰收的功能。图案有"聚宝盆"、"摇钱树"、"蚕猫"、"蚕花娘娘"、"蚕花筪"、"万年青"等，寓意吉祥。

剪纸材料有普通红纸、黄纸、蜡光纸。使用工具以剪刀为主。代表作品有《蚕花娘娘》、《蚕猫》、《聚宝盆》、《桑叶篰》、《蚕花筪》、《蚕花童子拍球》、《万年青》、《八仙过海》、《鹊桥会》、《石榴》、《龙》、《羊》等。

蚕花剪纸传承谱系及主要代表人物

汤小娥（1931.6—），女，钟管镇东舍墩村人。从事剪纸艺术五十七年，远近闻名。剪纸作品达万余件，除了供给当地蚕农之外，还供给邻县周边地区农户。

徐旗英（1971—　），汤小娥孙媳妇，现为剪纸传承基地学校剪纸课题

汤小娥剪蚕花

组组长。

梅晓燕,汤小娥之孙女。

汤吉文(1973—),汤小娥侄女。

娄金连(1942—),女,钟管镇东舍墩村人。汤小娥徒弟,为扫蚕花地传承人。

娄金连剪蚕花

姚阿辉(1944.10—)。

徐炳娥(1933.4—),女,禹越镇人,其剪纸艺术由母亲引桂(1905—2002)传授所得。

蚕花剪纸主要特征

1. 具有功能性的特点,蚕花剪纸适合张贴于不同的场合,以增添传统节日的吉祥气氛,满足农民祝愿丰收的心理,深受蚕农欢迎。

2. 反映蚕桑生产和生活情趣,风格上具有生动、朴素的乡土气息。

3. 传统剪纸技艺简单易学,材料简单,取材容易,以红纸为主,衬以黄纸,作品对比鲜明。简单的剪、画、贴手法勾勒和丰富剪纸图样,充分利用对称的特点,完整表现物体个性。

4. 具有纵向传承、横向传播的特点。不局限于师徒的传承,每逢节日乡民会自发聚集在一起，自己动手剪。

5. 剪蚕花是一种技艺，更是一种约定俗成的习俗，在民间长期得以继承和发展。

6. 剪纸内容反映过去及现在的生产生活，体现江南水乡鲜明的地域特点。

蚕花剪纸保护措施

1. 2006年起设立"运来""非遗"传承奖，民间剪纸艺人汤小娥、娄金连等列为其中。

2. 举办各种民间剪纸艺术宣传与展示活动，包括图片展等。

3. 设立乾元中心小学为剪纸传承基地，2007年申报为省级非物质文化遗产传承基地。

4. 钟管镇成立民间剪纸队。

四、香市庙会

江南农村家家户户养蚕，蚕的好坏直接影响一年的生活，蚕农们不敢有丝毫大意。为祈蚕桑丰收蚕花利市，他们每年都要到庙宇进香。如此世世代代相沿成俗。德清新市镇香市就是围绕祈蚕活动进行的。清明时节，村民从四乡汇集而来，到觉海禅寺进香，祈求"蚕花廿四分"。香市为旧时的一种民间风俗，有的地方称"庙市"，亦叫"庙会"，由来已久，相传始于唐代。

赶香市的村姑蚕妇还有另外一道仪式，就是在庙里烧过香之后，还要虔诚地跑到寺院灵泉水潭里洗洗手，俗称"洗蚕花手"。据说，凡在那儿洗过手的人一年养蚕就顺顺当当、无病无灾，这也是新市蚕乡一种特殊的风俗习惯。

清明过后，新市镇上香市拉开帷幕，首尾大约十天光景。赶香市的民众主要是蚕农。香市的地点在觉海寺及刘王堂戏台一带。香市成为乡镇民众的"狂欢节日"。天气风和日丽，正是"行乐"的时令，且又是蚕忙的前夜，故来逛香市的蚕农一半是祈神赐福，一半也是预酬蚕节的辛苦劳作，颇有所谓"借佛游春"之意。此民俗记载于清乾隆年间《仙潭志》。清明前后农村男女争赴觉海寺祈蚕，及

"蚕月"期间乡民们在欣赏表演

谷雨收蚕子乃罢。其间，仙潭水陆齐欢，观者如蚁，场面蔚为壮观，声浪可达一里之外。

当日，蚕农必会早早出门，乘船或步行，从四面八方汇集到附近的寺庙，祭蚕神、逛庙会、轧蚕花。香市上人潮如涌，人们兴高采烈地挤来挤去，因为越挤蚕花越旺。轧蚕花的习俗在德清、嘉兴、海宁、桐乡一带盛行。蚕乡姑嫂妯娌们都梳妆打扮，穿红戴绿，怀里装着蚕花种，涌向新市镇的觉海寺及临近的含山、澉山，城关镇的乾元山，洛舍镇近界的东林山等处踏青，轧蚕花，还买五色纸扎花，祝愿"蚕花廿四分"。德清蠡山戏台、乾元山、金鹅山等寺庙，均有蚕妇拜佛求神，烧香磕头上供果的。

相传在清明节这一天，蚕花娘娘化作村姑踏青，留下蚕花喜

庙会

香市

气。谁若是脚踏蚕花娘娘的足印，谁就会把蚕花喜气带回家，得个"蚕花廿四分"。当日，方圆几十里的蚕农都从四面八方汇集而至，人山人海，小商小贩及耍猴变戏法的也云集于此，热闹非凡。旧时，当家主人还要身背蚕种包，先去寺庙烧香，再到蚕花殿拜谒蚕花娘娘。而蚕妇们则打扮靓丽，头戴蚕花，在庙会上轧个痛快。所谓"蚕花"，是一种用纸或绢剪扎而成的小花。相传当年西施去越适吴时，途经杭嘉湖蚕乡，把一种蚕花分送给蚕妇，预祝蚕花丰收。那一年，戴了蚕花的蚕妇家中果然"蚕花廿四分"。从此，蚕乡的妇女有了戴蚕花的习俗。轧蚕花时，小摊上有现成的蚕花出售，蚕妇们再节俭，也必得买了戴在头上，表示对蚕花娘娘的敬意，也是为自己添一分春色。俗话说"蚕花庙会比老婆"，正如朱恒《武原竹枝词》中所咏："小年朝过便焚香，礼拜观音渡海航。剪得纸花双鬓插，满头春色压蚕娘。"人们还争相将蚕花塞进蚕花娘娘的手中，寄托蚕茧丰收的美好祈愿。

上香烛

武康二都塘径庙会轧蚕花，上渚河水面上有龙舟竞渡表演，叫"赛龙舟"，也称"踏白船"。宽阔的河面上大小船只摩舷撞艄。只见擂台船上，各路拳师或表演拳术，或舞刀弄棍，大显身手；标竿船上，粗壮的毛竹

香市上卖蚕花的老人

高高竖起，爬竿者轻舒猿臂，表演各种惊险的杂技动作；最紧张的是赛快船，紧锣密鼓，冲浪飞渡，围观者情绪激动，高声呐喊，气氛热烈。参加轧蚕花的人群中有虔诚的老人，更多的是蚕乡的男女青年，未婚闺女和小伙子在人堆里挤来挤去，如果在拥挤中，女人被男人触碰了胸脯，或挤掉了头上的蚕花，非但不会恼羞成怒，反而暗自喜悦，说明她有资格当蚕娘，当年养蚕肯定大丰收。相反，若是轧了半天没人理睬，倒是很扫兴的事。这虽是陋习，但在蚕乡并不被看成轻薄之举，一年中仅此放肆一回。其实，这正是远古时期性崇拜的一种延续，性预示生育与繁殖，延伸为蚕花的旺盛。德清有的地方轧蚕花，年轻的村姑少妇常会在衣襟上放一块绣有蚕花图案的手帕，称为蚕花绢头，她们逛了一天庙会回到家，如果手帕被不相干的人扯去，就会兴高采烈，这是蚕花丰收的好预兆，反之，则会闷闷不

庙会上的表演者各显神通

乐。这种特殊举动都指望通过庙会上男女之间身体的碰触,达到蚕花丰收的目的。

　　轧蚕花、逛蚕花香市(庙会)和龙舟竞渡是杭嘉湖蚕乡十分流行的清明风俗。从清明开始,总要闹个好几天,蚕农们才会尽兴而归,开始一年中最为辛苦的春蚕生产。清明节各种隆重的活动,虽起因是祭祀蚕神,但蚕农们也想趁娱神的机会让自己好好地高兴快活几天,清明节其实也是蚕乡农民的狂欢节日。

　　端午节这天,中国各地都盛行龙舟竞渡,而杭嘉湖蚕乡因清明节已经热闹过了,反而显得与别处不同。但端午节当天蚕乡有谢蚕花的习俗,俗称"拜蚕花利市"。此时,春蚕季已结束,新茧或新丝已经卖出，辛苦劳作终于换来了银钱，蚕农自然要拜谢蚕神。当晚，蚕农家装香点烛，将水果、鲜鱼、鸡鸭、猪头恭敬地摆在神位前，举家叩拜"蚕花利市"。拜毕，也正好托神灵之福，好好犒劳一下自己，俗称"吃蚕花饭"。全家老小喜气洋洋，正如沈炳震的《蚕桑乐府·赛神》所述："老翁醉饱坐春风，小儿快活舞庭中。"端午节也是蚕乡庆祝春蚕丰收的节日。

五、新市轧蚕花

德清新市古镇位于京杭大运河畔，西晋永嘉三年（308）建镇，历来商贾云集、文化昌盛，是江南古镇中风貌保存较为完整、风俗民情富有特色的一个典型代表。镇区内明清建筑鳞次栉比，街巷逶迤，家家临水，户户通舟，具有"小桥、流水、人家"的自然景观和"店宅合一"的商贸特征。2008年被命名为中国历史文化名镇。

新市自古为蚕乡，明代地方志记载，明洪武后，"桑柘成阴，蚕织广获"、"无地不桑"、"无人不蚕"。至明正德（1506—1521）年间，已是"妇女皆务织"。蚕花庙会与轧蚕花习俗古老而悠久，是新市每年春天不可或缺的一项民间蚕事活动。

新市蚕花庙会其源可上溯到春秋越国时期，为祭祀西施娘娘。当地与周边地区一直流传"西施娘娘送蚕花"的美丽传说。据传，范蠡带西施逃离吴都（今苏州），泛舟五湖做生意致富。当年，范蠡与西施曾寓居德清蠡山一带，后来村民在附近建庙，内供奉范蠡和西

新市镇街景

施神像,祈求保佑蚕茧丰收,每年清明节民间都自发举行蚕花庙会,祭祀西施娘娘,以求蚕花兴旺。盛大的民俗活动正式定名"新市蚕花庙会",恢复庙会活动始于1999年,以后每年举办一届。

旧时,轧蚕花在觉海寺边一条小弄堂里进行。弄堂既窄又深,两侧耸着高高的白墙。传说弄堂里有一块宝地,谁踩上了,就是踩上了蚕花喜气,蚕花娘子便会保佑他(她)这一年"蚕花廿四分"丰收。

觉海寺始建于唐代,宋治平二年(1056)改为今额。寺之古老,可以窥见新市蚕事之古老,轧蚕花风俗之由来久远。每当清明节,小镇四乡蚕农成群结队进镇轧蚕花。来的多半是少男少女。据说只有青春少女和年轻小伙子方能"轧"出蚕花来。小弄堂里充满姑娘、小伙

撒蚕花

巡游

觉海禅寺

的欢笑声,青石板被踩得咚咚乱响,都想争先踩到那块"宝地",顾不得汗流浃背,湿透衣衫。好不容易踩到了,满心欢喜却不露声色。据说一声张,蚕花娘子保佑蚕花丰收的灵气就会被人分享去。

南宋时,新市胭脂弄有名宅"爱敬堂"。明嘉靖三十三年(1555),倭寇扰侵新市五日,北街一带包括胭脂弄爱敬堂全部被洗劫烧毁。至清乾隆年间,胭脂弄爱敬堂于原址重建厅堂,门楼颇有特色,高5米,斗拱式建筑,四周砖雕繁复。门楼上方雕山峦、河流、古桥、松鹿同春,饰以精美花卉,古朴典雅。底部有石狮,门楼正中刻隶书"箕裘克绍"。

　　胭脂弄为新市蚕乡旧俗轧蚕花活动场所。民国二十一年刊本《德清县志》"风俗"条目载："清明后觉海寺有香市，村农妇女结伴成群，名曰'轧蚕花'。"古诗《轧蚕花》七言绝句云："清明红雨暖平沙，陌上晴桑俗吐芽。作社祭神同结伴，胭脂弄里轧蚕花。"明清时，胭脂弄前的觉海禅寺塑有蚕神娘娘像，每年清明节，四乡农妇均要到觉海寺祭蚕神，多达数千上百人。因胭脂弄与之相交的寺前弄是到觉海寺的主要通道之一，又因该弄狭小，成百数千人在胭脂弄、寺前弄你挤我轧，故曰"轧蚕花"。古时，新市作为原始蚕种发祥

轧蚕花的热闹场面

弄堂里面轧蚕花

地之一，蚕种放置于妇女胸脯中以体温孵育，育成后从胸脯中摸出。故一些游闲之人，在胭脂弄轧蚕花时，触碰村妇胸脯，被碰者亦不恼。古老的轧蚕花风俗，是古老的蚕文化的历史沉淀。明代湖州府推官谢肇淛《西吴枝乘》记："湖民以蚕为田，故谓胜意则增绕，失手则坐困。"对蚕神的虔诚，表现出蚕农对蚕事丰收的期望，均浓缩于轧蚕花这一古老风俗里。

传承与保护

扫蚕花地民间艺人以德清县为主，早期艺人已无可查考。二十世纪七八十年代，尚有民间艺人杨筱天、杨筱楼、周金囡、郁云福、张林高、邱玉堂、沈金娥、娄金连等。目前，政府也十分重视德清扫蚕花地的传承与保护，专门设立相关的管理中心，建立了民间自发参与和政府自觉保护相结合的新机制。

传承与保护

[壹]传承谱系及传承人

扫蚕花地民间艺人以德清县为主,早期艺人已无可查考。20世纪七八十年代,尚有民间艺人杨筱天、杨筱楼、周金囡、郁云福、张林高、邱玉堂、沈金娥、娄金连等。至2012年,仅娄金连健在。以上所有民间艺人中,数杨筱天成就最高,名声最大。

杨筱天 (1913—1984) 女,原名杨桂芝,乳名阿大,德清县钟管镇干山塍头村杨家墩人。十二时岁送本村茅山当童养媳。十三岁时,本乡东庄桥民间艺人福囡来村中表演扫蚕花地等节目。凭借其聪明机灵和吃苦精神,偷偷学艺成功。从此靠扫蚕花地赴各地演出谋生。1927年,参加"正古社",拜沈阿广为师,学习琴书,三年师满,以唱书为主。1937年,因慕"民俗社"演员杨筱楼之名,与其相爱成婚,易名筱天,并加入剧团,饰演花旦。此后,夫妻俩同台演出,共磋技艺,舞台表演艺术造诣日臻完善。其所演的扫蚕花地,在音乐上吸收杨扫地曲调风格,改善和丰富了扫蚕花地旋律,并在乐曲伴奏上由单一的小锣鼓添加了二胡、笛子等多种民族乐器伴奏,增强了乐曲的表现力和地方色彩,加上圆润、优美的唱腔,听来更加婉转动

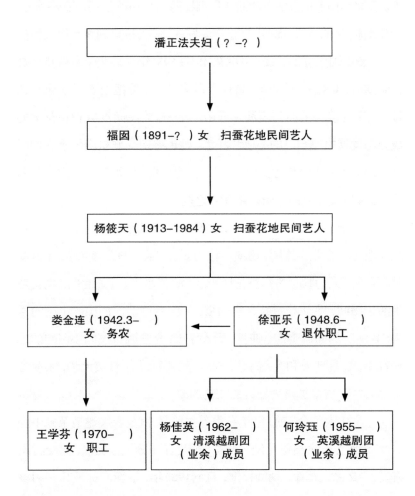

潘正法夫妇（？–？ ）

福囡（1891–？）女 扫蚕花地民间艺人

杨筱天（1913–1984）女 扫蚕花地民间艺人

娄金连（1942.3– ）
女 务农

徐亚乐（1948.6– ）
女 退休职工

王学芬（1970– ）
女 职工

杨佳英（1962– ）
女 清溪越剧团
（业余）成员

何玲珏（1955– ）
女 英溪越剧团
（业余）成员

艺人传承谱系图

人。表演动作上也汲取了戏曲"手、眼、身、法、步"技巧，自成一派，动作细腻传神，唱腔优美圆润，广受好评，成为杭嘉湖蚕乡代表性的节目。新中国成立后，加入县曲艺团。在1957年全县业余音乐舞蹈文艺调演时，其扫蚕花地节目曾作示范表演，并传授给农村业余文艺骨干。在其漫长的曲艺表演生涯中，她一直为民间歌舞扫蚕花地的成熟与发展贡献自己的心血和汗水。她也特别受到杭嘉湖蚕农们的喜爱，群众亲切地称呼其"阿大"。直到故世前，她还一直担任县曲艺协会副主席、县曲艺团艺术指导之职。

娄金连　生于1942年，女，德清县钟管镇东舍墩人，九岁时参加当地的一个业余剧团，扮演"小牛郎"、"武大郎"等角色。十五岁时，拜杨筱天为师学习扫蚕花地表演，演艺水平上了新台阶。她长期生活于田间，熟知养蚕技艺和习俗，又深受德清民间山歌小调的熏陶，其演唱的曲调委婉、细腻，耐人寻味，充分融合民间小调的韵腔和音调，独具地方和个人特色，同时，她舞蹈动作朴实无华，表演含蓄。1957年，曾参加嘉兴地区的文艺调演。

"文化大革命"前，每年春季养蚕前夕，常被农民邀请至家中蚕房或场地上表演扫蚕花地，送去"蚕花廿四分"的祝福，深受村民喜爱。"文化大革命"期间停演，直到1985年，重新向徐亚乐学习整套扫蚕花地表演的舞蹈动作。此后，她在农活空闲时经常应村民要求唱扫蚕花以作消遣。2005年，又向蚕花剪纸艺人汤小娥学习剪蚕

娄金连

花，在表演的同时，把蚕花赠予村民以示吉祥。

　　2006年组织东舍墩村村民组成文艺团队，教村民表演演唱扫蚕花地。还多次参加钟管镇公益表演。2008年被省文化厅评为浙江省非物质文化遗产项目代表性传承人。2009年收媳妇王学芬为徒，手把手地教授扫蚕花地演唱技艺以及传统的蚕桑习俗等。她同时也是养蚕能手，掌握传统蚕桑生产技艺，通晓传统蚕桑生产过程中的各种习俗，是浙江省非物质文化遗产名录《传统蚕桑生产习俗》中的重要传承人之一。2000年至2010年，她活跃在各种文化下乡活动中，演出范围有钟管、洛舍乡镇东衡、砂村、三家村、张陆湾村，湖州千金镇民间庙会、新市蚕花庙会等。在其带动和指导下，2000年至2007年期间，先后接受中央电视台七套、浙江卫视、湖州电视台等多家媒体专题采访。2006年参加德清县举办的"欢乐田野"下乡活动表演扫蚕花地。2008年2月，参加湖州市第十三届"湖城春晓"广场文化活动，现场展示剪蚕花手艺，同年4月27日至5月2日期间，参加浙江省博览会（义乌）剪蚕花现场演示，并捐赠部分剪纸作品给中国丝绸博物馆收藏。2010年1月，参加湖州霓裳街启动典礼系列活动民间蚕花剪纸的现场展示。2011年4月，在新市蚕花庙会上表演扫蚕花地和抛撒蚕花，并引起了轰动。

徐亚乐 生于1948年，女，德清县文化馆原群文工作干部，现已退休。1983年，参与民间艺术调查挖掘和抢救工作，接触和了解了德清流传久远的优秀民间歌舞扫蚕花地，并和省文化厅专业老师一起，在多个扫蚕花地曲目表现形式中，确认民间艺人杨筱天的表演形式和内容最完整、最具代表性。1983年至1986年期间，拜著名艺人杨筱天为师，同

徐亚乐在表演《插稻草》

时还向周金囡等其他艺人学习不同的表演形式,掌握了七种不同曲调、四种不同表演风格的扫蚕花地,对扫蚕花地的歌词、曲子、舞蹈动作进行详尽的记录,后经整理编入20世纪90年代初出版的《中国民族民间舞蹈集成·浙江卷》和《中华舞蹈志》。

她在继承杨筱天扫蚕花地表演技艺的基础上,结合多位扫蚕花地民间艺人的技艺,同时融入湖剧和越剧表演艺术元素,运用"转扇"、"轮扇"等技巧,结合具有江南特色的"三道弯"舞蹈动作的特点,发展和丰富了传统扫蚕花地的表演,使其更具观赏性和艺术性。同时,"撒蚕花"民俗表演形式深受乡民的喜爱,是蚕农对蚕花所赋予美好愿望的充分表现,具有原生态性,独具地方特色,其表演在诸多扫蚕花地表演形式中独树一帜。她长期致力于扫蚕花地在民间的活态传承与普及,先后将技艺传授于民间艺人和广大群众。1985年将不同表现形式的扫蚕花地,尤其是成套表演动作传授于娄金连。1999年至今多次接受央视、浙江电视台等媒体采访,如1999年配合浙江电视台拍摄《田野的风——扫蚕花地》民俗专题片,2001年配合中央电视台拍摄民歌民舞《风》专题片等。2003年,徐亚乐收德清清溪越剧团杨佳英为徒,向其传授扫蚕花地技艺,同时在县老年大学建立民间舞蹈扫蚕花地教学传承基地,将其基本动作及演唱传授于英溪越剧团成员何玲珏等人。同时还把扫蚕花地民俗向德清县周边地区推广,以扩大影响力。2005年至2011年,配合

杨佳英

县文化馆非物质文化遗产搜集与整理工作，多次参加录制，较为完整地保存了原始的扫蚕花地声像资料。2010年还接受了省外民间组织与爱好者的登门学习，并现场展示并教授其经典舞蹈动作技艺。徐亚乐还协同娄金连、杨佳英共同参与历届新市蚕花庙会开幕式，经她提炼整合的扫蚕花地和抛撒蚕花仪式表演节目广受好评。2011年，率十余位老年大学学员参加湖州"非遗"展演暨第六个"文化遗产日"民间艺术展演、湖州市首届农民艺术节，赢得赞誉。二十多年来，她与蚕文化结下不解之缘，以扫蚕花地民间歌舞艺术为原型，广泛吸收其艺术特点，融入时代元素，先后成功创作了多个蚕文化舞蹈作品，还屡屡在省、市大赛上获奖，为扫蚕花地的传承和发展，作出了重要贡献。2008年，被省文化厅评定为浙江省非物质文化遗产项目代表性传承人。

杨佳英　生于1962年，女，德清县乾元镇人。县戏剧协会副主席、县清溪越剧团团长。为徐亚乐徒弟，学扫蚕花地。2009年，又拜娄金连为师。多年与师娄金连合作，在新市蚕花庙会等公开场合联袂表演扫蚕花地。

何玲珏　生于1955年，女，德清县英溪越剧团成员，为徐亚乐徒弟。

王学芬　生于1970年，女，企业职工，为娄金连徒弟。

[贰]保护与发展情况

一、**保护机制**

将扫蚕花地传承与保护工作有效地列入当地政府和文化管理机构日常工作范畴，设立遗产管理中心，建立民间自发参与和政府自觉保护相结合的新机制，作为扫蚕花地长期传承保护的基本保障。乾元镇政府贯彻落实《国务院办公厅关于加强我国非物质文化遗产保护工作的意见》、《文化部关于申报第二批国家级非物质文化遗产代表作的通知》文件精神，出台了有关保护条例，维护传承人的权益。分设五大类保护内容：

1. 扫蚕花地传承人的保护。

2. 扫蚕花地物化形式的档案资料及数据库的保存。

2012年元宵灯会表演

3. 有关蚕桑习俗书籍的出版发行。

4. 扫蚕花地的宣传、教育与展示。

5. 扫蚕花地艺术化道路的开拓。

对传承人专项拨款的力度逐年增加,目的是有效保证传承人不受生存环境的影响而导致扫蚕花地被遗忘或失传。专门成立专家小组,进一步扩大普查的范围和力度,完善档案数据库。提高扫蚕花地的艺术性,结合新农村的建设,服务于广大农民群众,还俗为民。并建立起丰富多彩的数据素材库,配专人管理。对近年来的成果进行巡回展览,并成立传承基地。进行有关扫蚕花地、蚕民俗等研讨会,列入学校关于本土文化的教育。培养群众特别是青少年对本土

娄金连表演扫蚕花地

娄金连传授扫蚕花地

文化的兴趣。争取出版发行蚕桑习俗研究的相关书籍，使本土文化深入人心，扫蚕花地成为一项系统文化工程。确保用于五年的培训、传承人津贴、数据库建设、资料编发、研讨费用等资金落实到位。

徐亚乐在老年大学传授扫蚕花地表演

截至2012年年底，德清县政府已采取相关保护性措施。

1. 对原扫蚕花地艺术档案进行数字化保存，大量原始录音、录像转为数字化格式。

2. 请老艺人重新录音录像。

3. 2004年，入选浙江省民族民间艺术保护工程普查汇编。

4. 积极鼓励和创作与扫蚕花地有关的文艺节目参加演出。

5. 2005年，在湖州市文化领导部门的主持下，扫蚕花地申报为第二批浙江省非物质文化遗产名录。

6. 2007年5月，浙江省文化厅建议扫蚕花地申报为第二批国家级非物质文化遗产代表作名录，相关"非遗"申报工作积极到位。

7. 2008年，扫蚕花地被列入第二批国家级非物质文化遗产代表作名录。

8. 2012年，邀请省、市音乐专家根据扫蚕花地项目改编成原生态无伴奏合唱《蚕花廿四分》，组织六十名音乐老师分声部演唱，并在文化遗产日之际首次亮相于"精彩浙江——非物质文化遗产精品发展"的舞台。

9. 扫蚕花地传承新计划即将启动，在德清县乾元镇政府驻地清溪小学等学校开展扫蚕花地欣赏、普及和教学系列活动，请省非物质文化遗产项目代表性传承人进学校，手把手地亲自传授扫蚕花地民间歌舞艺术。

二、弘扬与运用

扫蚕花地在历史的风云变幻中时断时续地传承与发展。新中国成立后，政府重视对民间艺术的挖掘、保护和推陈出新，植根于民间乡野的蚕桑习俗代表性歌舞扫蚕花地得到了相应的传承和保护。20世纪50年代，德清县文化工作者整理民间歌舞扫蚕花地素材，创作了《蚕桑丰收舞》并参加浙江省民间音乐舞蹈调演，获优秀奖，直至60年代初，该节目还经常在城乡舞台演出。70年代，县文化馆创作《蚕桑舞》参加嘉兴地区文艺调演，获创作表演一等奖。80年代，创作舞蹈《桑园情》参加浙江省第二届音乐舞蹈节，获创作二等奖、表演三等奖。90年代创作舞蹈《蚕娘》、《桑丫头》，分别参加浙江省和湖州市第三届音乐舞蹈节，获优秀创作奖和优秀表演奖。2001年，创作大型广场民间灯彩舞《叶球灯》，获浙江省第一届广场民间灯彩舞大赛金奖。2006年，创作舞蹈《蚕花祭》，获湖州市第二届南太湖音乐舞蹈节二等奖。

《桑园情》为女子群舞。江南蚕乡三月，一群蚕花姑娘穿梭在蓝天白云下的桑田之间，翩翩起舞。《桑园情》通过人与桑之间的情景交融，采用扫蚕花地的基本旋律，吸取"三道弯"的舞姿造型，展现当代蚕花姑娘端庄、娴静的性格和秀美的形象。

《桑丫头》为独舞。桑丫头生在农家，长在蚕乡，桑树是她最要好的伙伴，桑园是她打滚、捉迷藏和玩耍的地方。桑枝牵弄她的衣裳，碧绿的桑叶为她挡风遮雨。桑丫头采摘大把大把的桑果，直吃得小嘴儿紫嘟嘟，心里甜滋滋。太阳西斜，桑果子满满一篮，桑丫头才想起回家。该舞蹈充满江南风情，童趣盎然。

《蚕娘》为三人舞，在秀丽的江南，蚕娘们世世代代在这片古老的土地上默默劳作着。她们以虔敬之心祈祷"蚕花廿四分"，用辛勤汗水换来丰收的喜悦。全舞共分三段。第一段，以仪式化的舞蹈动作展现江南蚕娘美丽、温柔、端庄的风韵，表现蚕娘祈盼蚕桑丰收的心愿；第二段，通过一段欢快的蚕桑劳动场景，凸显了蚕娘劳动的欢乐，一连串欢快热烈的笑声，传达了丰收的喜悦，把舞蹈气氛推向高潮；第三段，蚕娘手执洁白的鹅毛再现仪式化的舞蹈动作，表达了蚕娘对来年丰收的期盼和未来美好生活的祝愿。该舞蹈从蚕乡舞蹈中直接吸取舞蹈语汇，富有蚕乡民俗情趣。

《叶球灯》为民间广场灯彩舞。2001年，德清县文化馆根据原武康县郭肇村传统灯舞叶球灯的原型,结合扫蚕花地艺术特色,推陈出新创作而成。《叶球灯》舞中突出了十二辆大型叶球车。它取意于蚕农桑叶丰收,把蚕吃不完的桑叶用稻草包扎成球,储存到冬季饲羊的生活现实,并用代表桑叶和吉祥的剪纸图"聚宝盆"饰在球的面上,使整个叶球车造型独特美观,体现地域蚕文化的内涵。该舞以采桑、喂蚕、彩绸飞舞等为内容,

桑叶龙

桑叶龙舞

轻、柔、细、稳，给观众带来了美的享受。该舞蹈参加2001年杭州第五届中国民间艺术节开幕式踩街活动，广受好评。

《桑叶龙》舞龙由乾元镇金鹅山村农民制作。为展现蚕桑风俗特色，龙身由一片片工艺桑叶制成，栩栩如生。舞蹈由十三个舞龙者表演，场面热烈欢快，庆祝蚕桑丰收。

《龙蚕宝》为少儿舞。通过儿童的形体动作与造型，表现可爱的蚕宝宝的成长过程，最后在龙蚕宝宝吐出银光闪闪的蚕丝造型中结束。舞蹈由钟管镇学校创作演出。

1963年，著名剧作家顾锡东根据德清县士林公社水北大队"姑嫂养蚕共育室"蚕桑生产先进原型创作电影剧本，由天马电影制片厂拍摄电影《蚕花娘娘》，并以《扫蚕花地》的歌曲为素材，创作《蚕花姑娘》主题曲，深受人们喜爱，曾风靡全国，广为传唱。

1982年，浙江省歌舞团一级编导孙红木创作的独舞《采桑晚归》，荣获华东舞蹈会演创作一等奖。编导从江南蚕乡人们的生活习俗、动作形态特征中汲取营养，融入了扫蚕花地的风韵和"小翻腕"、"旁松胯"的动作特点，创作了赏心悦目的新民间舞

全国第一部以蚕桑为主题的电影《蚕花姑娘》在新市取材、拍摄

"姑嫂共育室"声名鹊起，引起省内外文艺界的极大关注，著名剧作家顾锡东深入新市生活，多次访养蚕模范沈月华，创作了电影剧本《蚕花姑娘》，并由上海天马电影制片厂投入拍摄。新市的西河口、轮船码头、陈家潭、西栅漾都成了《蚕花姑娘》的外景，电影插曲《蚕花姑娘》由我国著名作曲家黄准作曲，著名演员尤嘉、朱曼芳、牛犇等扮演了角色。

电影《蚕花姑娘》的相关报道

蹈。1988年，湖州市群艺馆研究馆员吕奇，根据扫蚕花地音乐旋律特点，创作歌曲《水乡行》，在全市内传唱。1990年，浙江省歌舞团一级编导沈蓓，创编舞蹈《时令四季》，采纳扫蚕花地动作的韵味和动律，塑造了一群江南姑娘惟妙惟肖的舞台形象。

戴蚕花

蚕家女子，无论老幼，在祭蚕神时，总要用通草或彩纸做成蚕花，作为信物，以示对蚕神的虔诚。头戴蚕花要延续整个养蚕季节，以期待"蚕花廿四分"（蚕茧大丰收）。此外，蚕农在养蚕季节还有剪蚕花、呼蚕花、点蚕花灯等习俗

戴蚕花

新市江南蚕文化博物馆位于新市镇寺前弄，建筑面积630平方米，为清代江南徽派建筑精品厅堂。为全面展示新市地区悠久的桑蚕文化，维修厅堂两幢，精心布置陈列江南蚕文化博物馆，2007年9月开馆，参观者众多。门厅置蚕茧模型、杭嘉湖蚕桑分布图。大厅雕梁画栋，两侧楹联"探丝路源头蚕俗蚕花，望仙潭陌上桑园桑梓"。正中彩塑马鸣王菩萨慈面迎客。东侧布展蚕俗文化：戴蚕花、轧蚕花、祭蚕神、蚕花庙会、蚕花娘娘巡游。陈列乾隆十年（1745）新市明因寺立之《奉宪禁碑》；西侧展示清末民初新市丝行、丝号、丝庄，全国第一个原蚕制种场，以新市镇水北村养蚕能手沈月华为原型拍摄的电影《蚕花姑娘》剧照等底蕴深厚的特色桑蚕文化。二楼为蚕桑生产展区：展示原始孵种、蚕具、喂蚕、下地、结茧、缫丝、纺丝、织绸等过程。

附录: 新市蚕花庙会

新市蚕花庙会轧蚕花习俗由来已久，据民国《德清县新志》卷二《风俗》记载："清明后，觉海寺有香市，村农妇女结伴成群，名曰轧蚕花。"往上溯，清康熙新市新塘诗人徐以泰在《绿杉野屋集》中有纪事诗云：

> 小市寒泉九井深，踏春人礼木观音。
> 状元桥外飞花急，一片斜阳在竹阴。
> 舞龙扮煞古风淳，素袖青衣紫蝶巾。
> 节到清明齐作社，夕阳箫鼓祭蚕神。

新市蚕花庙会早在清代早期已初具雏形。在蚕俗活动中，祭蚕花、剪蚕花、赐（卖）蚕花、请（买）蚕花、佩蚕花、戴蚕花、焐蚕花、轧蚕花、摸蚕花、供蚕花、呼蚕花、斋蚕花、关蚕花等，无不包含着祈蚕意象。特别是摸蚕花，虽《德清县新志》认为"游手混杂、莫之能止"。但其中也蕴含古老的祈蚕希冀。杨巩《农学合编》卷十五《蚕类·暖子》篇云："清明后、谷雨前，取蚕种置怀中，谓之暖子。"

摸蚕花本意即摸取焐在胸前的蚕种,并无不轨之意。由此推断,新市地区可能是古老的原蚕制种地。摸蚕花,即摸取原蚕种而求蚕茧之丰收。新市蚕花庙会是保留古老祈蚕风俗的传承之地。

新市蚕花庙会源自春秋战国时期,历唐、五代、两宋而盛于明清,并一直沿袭了下来。抗日战争爆发,蚕花庙会一度中断。新中国成立前夕,曾断断续续举办过几次。1999年,新市镇政府顺民意兴民风,旨在重振蚕文化,促进蚕桑生产,恢复了前后中断了半个多世纪的蚕花庙会。传承千年蚕俗的新市蚕花庙会为江南蚕文化古老习俗的精彩亮点,展现了千年古镇深厚的历史底蕴和区域文化特色。

[壹]旧时庙会盛况

古时,新市蚕花庙会称作"烧香市",由"促轿"、"拜香会"和"轧蚕花"等活动组成。会期自清明前三日始,至正清明进入高潮。"促轿"以刘王堂为中心;"轧蚕花"以寺前弄、觉海寺及后面的长生园、东塔院为中心。

"促轿"第一天,由西栅外横墩村娘母头和钱家村杜家埭农民负责,将西永灵庙(俗称"西庙")内左右二尊监使神像(菩萨),分别由四名精悍强壮的小伙子抬着,以大纛旗开道,旌旗飘扬,簇拥菩萨,向东南西北四栅主要街道"行香"。沿街有指定祭神之家约有三十四处,神像由人抬着供着,受人瞻仰叩拜。稍后,再行抬出"行香",最后抬至刘王堂前,此处有一个宽约50多米、长约80多米较空旷的场地,进行"促轿"。所谓"促轿",即由四名小伙子抬着神像,由北向南奔跑,跑到场地顶头立即反身抬着神像,由南向北急奔,不得稍有停留,往返有规定次数,以快捷者为胜。

第二天,由南栅外南坝和高桥方面的农民负责,将东永灵庙(俗称东庙)的紫将军(朱将军)、红将军(洪将军)神像抬出"行香"、"促轿"。

第三天另换四尊神像。一为东栅清风轿(俗称"平桥")戴侯庙中的"戴老爷",由新市东栅农民负责;其他三尊"总管"神像,则由西栅木行弄"脚班"(搬运工人)负责"行香"、"促轿"。至此,庙会形成高潮。

正清明当天,"拜香会"、"扮犯人"等活动最为惹人注目。参加者大人、小孩均有,为表示虔诚,事前斋戒数日。清明那天,拜香会参与者把重数十斤的石香炉或铁、铜、锡等礼器,用链条将"扎钩"扎入小臂肉内(吊臂香、扎肉心灯),一行数十人,臂上挂着香炉、礼器,到新市四栅"行香还愿"。据1947、1948年曾两次扮过"小犯人",年逾古稀的卢达人、胡云龙两老人回忆,"扮犯人"以两人为一组,穿插在扎臂香的行列中,"犯人"身穿红衫红裤,戴着手铐,背上插上"宰牌",被前面的"解差"用铁链拖着往前走。"犯人"时而往街左、时而往街右,身子往后倾斜着,表示不愿赴刑场。那时的新市街面很狭窄,尤其北街,观看的人群只能拥挤在两侧店铺内,争看

"肉心灯"、"小犯人"。"扮犯人"也属于一种还愿活动,气氛阴森恐怖。

"轧蚕花"是清明节前后蚕花庙会的重头戏,是一项群众性的大型蚕俗活动。那几天,新市镇周边的蚕农都赶到大小庙宇烧香,敬拜蚕神,烧香拜神者不论男女老幼,都在头上戴一朵用彩纸或绢制作的小花,名为蚕花。妇人和小女孩纷纷将蚕花插在鬓间或发髻上,男人则将蚕花插在帽檐或甘蔗上。远远望去,成群结队的蚕农头上,都是一片五彩缤纷的蚕花。人们挤来轧去,热闹非凡。故此俗称为"轧蚕花"。卖蚕花者皆为石淙、千金的年轻农村妇女,在迎圣桥(也称寺前桥)和觉海寺门前,山门内甬道两边叫卖,形成花市。

在蚕乡,清明前一日被称作"头清明"。新市的"轧蚕花"习俗从头清明开始一直要闹到三清明,尤以正清明那天盛况空前。正清明这天,四邻八乡的蚕农一早便出门到新市轧蚕花。据说,轧蚕花时心诚则会带来这年的蚕花丰收。蚕花庙会亦是男女青年谈恋爱的机会。新市民间曾经流传一首轧蚕花民歌:"清明天气暖洋洋,桃红柳绿好风光。姑嫂双双上街去,胭脂花粉俏梳妆。红绿蚕花头上插,香水洒得扑鼻香。觉海寺里真闹猛,男女老少似海洋。邻村阿哥早等待,一见阿妹挤身旁。一把大腿偷偷捏,姑娘脸红薄嗔郎。"

旧时封建意识甚重,年轻姑娘一年到头很少有机会抛头露面尽情玩耍。与异性之间交往,更是授受不亲,平时连搭个腔也难。可这一天，却全解放了，再封建的家长也允许女儿出门轧蚕花。所以，这一天成了年轻人的节日。次日，红男绿女嬉嬉闹闹全无任何顾忌。最开心的便是那些小伙子，他们可以在蚕妇蚕姑中随意地挤来挤去，寻找自己中意的姑娘。一旦发现令人心动的女子，尽管献殷勤，趁机身体靠近触碰胸部。相反，如哪位姑娘没人理睬被冷落，她会撅起嘴巴不开心。

旧时还有"摸蚕花奶奶"的典故。蚕种需要一定的温度，才能孵出蚕蚁。旧时育蚕没有保温设施，故蚕姑蚕妇都将蚕种焐在胸口，借自己的体温来让蚕蚁早日出世。于是，在轧蚕花时，男人纷纷以借摸蚕种之名，去摸一下蚕姑蚕妇的胸脯，乡风将此称为"摸蚕花奶奶"，说是越摸越发。民间有这种说法，让男人摸过，蚕蚁会出得快。蚕妇蚕姑们为了家中养蚕能发，面对异性伸过来的手，只得睁只眼闭只眼，红着脸羞涩地作出点小小的"牺牲"了。

新市的轧蚕花习俗，历史较为悠久，在整个杭嘉湖一带的蚕乡都颇为出名，历年都有"脚踏新市地，蚕花宝气带回家"的说法。每年清明节，崇德县、吴兴县、余杭县等地临近新市镇的蚕农，都会纷至沓来，涌到千年古刹觉海寺、寺前弄和胭脂弄，参加一年一度的蚕花庙会，"轧蚕花"自然成了蚕农们欢乐喜庆的节日，特别是青年男女的节日。

蚕花庙会期间，也开展各种娱乐活动。整个觉海寺内外，戏曲、杂耍、魔术和小吃云集于此。寺前东为"拉洋片",西为木偶戏（又称"八线板戏"）。天王殿东西两木栅及灵泉山则为卖图片所在。

"拉洋片"也是一种娱乐:用约30厘米见方的图片二三十幅,整齐排列在上下两行木柜内,在下面一行装置放大镜,由左右站立的两个拉片者,自左到右,从上排到下排,一张张按顺序推拉置换,在下排放大镜框内,每一个观看者可以看到放大的图片。图片的内容有"珍珠塔"、"白蛇传"、"三星福寿图",还有"中山先生像",等等。天王殿接凡桥东边,有手指上置人物演出的小舞台,戏的内容有"除三害"、"问樵"、"游湖"等。

觉海寺大雄宝殿中间为茶棚,吃茶用盖碗、茶托,古色古香。寺院东侧为"打拳头卖膏药"和小杂技者表演区。寺院西面为动物马戏表演圈,内有虎、大蛇、熊等,还有魔术以及残疾人操演武术,称"大篷"。长生园、东塔园演出毛儿戏（昆角演京剧）、小京班、的笃班（即越剧）、跑马戏、杂耍等。做生意的摊贩们更不会错过这一生财良机。各种各样的小吃摊、杂货摊摆得满满的。还有从苏州到杭州烧香在途中路过的烧香客带了绵绸到新市出售。船只均停在南栅南汇到西河口望仙桥一带,出售地点以横街（即宁夏路西侧人行道）为主并波及西河口。在前后延续的半个月时间内,戏曲、杂耍、蚕花等精彩纷呈,小吃摊、买卖贾商云集。这一盛况一直延续至抗日战争胜利后、新中国成立前夕。

[贰]当代十四届蚕花庙会

1999年

新市蚕花庙会曾中断了六十三年，1999年得以重新恢复，并赋予了新的内容和形式。在策划新中国成立后首届蚕花庙会时，新市镇政府组织民俗专家、资深居民进行反复论证，提出"推陈出新、还节与民"的办节方针，重现江南千古一绝，展示古镇秀美风采，弘扬民族文化，再聚地域人气，促进地方经济发展。

蚕花庙会由"蚕花娘娘"大巡游、广场民间文艺表演、觉海寺佛事活动、民间艺术灯展、商品交易会等主题内容构成。"蚕花娘

蚕花情缘

娘"大巡游这一主打活动，把蚕花庙会推向高潮。开幕当日，在方圆几十里引起轰动，出现万人空巷、游人如织的场景，估计约有八万多人从四面八方涌入新市，争相目睹蚕花娘娘风采，全民轧蚕花，沐浴蚕花喜气。

　　"蚕花娘娘"由毕业于省艺校在杭工作的新市籍姑娘朱娴担纲。朱娴个子高挑，扮相俊美，巧梳发髻插蚕花，粉红罗裙绣石榴，楚楚动人。"蚕花娘娘"乘坐的大花轿四面轻纱作帘，古色古香。十六位轿夫头扎红丝带，身穿无袖开衫，煞是雄壮。"蚕花娘娘"在轿中亭亭玉立，手抚花篮，频频挥手向人群撒蚕花。大花轿前，有四十位活泼可爱的"蚕花仙子"护送；轿后有四十位蚕花娘娘作陪。大轿两侧是十六位吹奏《百鸟朝凤》的唢呐手。大巡游长队前面是由八人抬着的蚕花庙会会徽，接着是女子礼仪队、铜管乐队、龙灯队，长队后面是由四十人组成的腰鼓队、舞龙灯队。大巡游队伍长达百余米，经过新市大桥，进入仙潭路、健康路，直至东升公园。沿途观众云

抢蚕花

集,欢声如潮。

次日,新市古刹觉海禅寺人声鼎沸,袅袅香火吸引熙来攘往的蚕妇留步点香,祈祷蚕花丰收。

2000年

2000年清明前后,一年一度的"展江南蚕桑风情,绘千年庙会盛事"的新市蚕花庙会,由县政府主办,县旅游局、新市镇政府承办,钟管、干山、下舍、勾里、徐家庄、高桥、士林七镇联合协办,历时一周。主要活动有"蚕花仙子"大巡游、春季商品展销、养蚕技术咨询、蚕花灯会等。东部七镇的"蚕花仙子"及其八十人以上的方队从东升公园巡游到镇中广场,花轿里八位"蚕花仙子"格外引人注目,使古老的民间习俗更添喜庆欢乐气氛。庙会融合了蚕乡民俗风情,彩旗灯笼满街巷,喜气洋洋蚕花旺。人潮涌动,从湖州石淙乡赶来卖蚕花的村妇生意红火。人们逛完庙会游东升公园,桃红柳绿,"春蚕吐丝"、"抬蚕娘"、"采桑船"等栩栩如生的二十五组景观灯和

蚕娘

巡游

四百余只花灯展让游人流连忘返。

2001年

4月4日，"之江之春"蚕花娘娘大竞赛活动在镇中心广场举行，报名竞选者多达一百一十人，经过两轮筛选，最后剩下十人。通过集中培训和登台表演等环节，王兰被评为"金蚕花娘娘"，沈彩虹得银奖，其他七人获铜奖。在本届蚕花庙会巡游队伍中，各种民间艺术表演队相继登场，强壮剽悍的男士组成民间武术队，擒拿格斗、刀光剑影的功夫表演令人大开眼界。清秀美貌的姑娘头戴蚕花，身披轻纱，手执花伞，舞姿轻盈，引人注目。一路上，龙灯舞、腰鼓响、唢呐声声，蚕花仙子翩翩起舞；乘在扎满蚕花的大红花轿上的蚕花姑

蚕娘俏

比才艺

娘笑容可掬地向游客们频频致意,将一把把蕴含蚕桑丰收情意的蚕花撒向欢乐的人群,蚕农们在"蚕花廿四分"的祝福声中,个个脸上洋溢着欢笑。

2002年

4月4日下午,蚕花庙会隆重开幕,蚕花娘娘花轿表演邀请赛暨广场文艺演出开始,来自钟管、城关、雷甸、新市、下舍、士林、高林、徐家庄、洛舍的蚕花娘娘表演队轮流上台演出,新市镇的蚕花娘娘郭东林艺压群芳,

撒蚕花

最终夺得本届"金蚕花娘娘"称号。乘坐十顶五彩大花轿巡游的"蚕花娘娘"沿途抛撒缤纷的蚕花。由二十五组景观灯、四百多盏花灯组成的蚕文化灯展将古镇的大街小巷打扮得流光溢彩。身着白绿相间"仿蚕服"的村姑,用现代舞蹈演绎幼蚕孵化、食桑、吐丝、结茧等蚕事活动。庙会活动形式与内容不断

蚕娘

推陈出新，从最初的祭祀狂欢，发展到南北戏班子连演三日大戏，连杂技、魔术、木偶戏也粉墨登场。小商品展销会和觉海寺大型佛事活动同时举行。

2003年

4月4日下午，"丝路之源"新市蚕花庙会隆重开幕。通过初评、复评、决赛，最终，来自湖州的二十一岁佳丽江琴雅获得"金蚕花娘娘"称号。本届蚕花庙会特别举办杭嘉湖"蚕花娘娘"评选、花轿巡游、蚕俗文艺表演等活动，吸引了数万海内外来宾的目光。与历届蚕花庙会不同的是，来自北京、新疆、上海、杭州和日本等地的多位专家学者会聚新市，在领略古老民风蚕俗的同时，还专门研讨"蚕丝之源"、"丝路之源"等学术课题。应邀赴会的新疆乌鲁木齐市文联主席谢纲振、日本东京学艺大学教授高桥稔、华东师范大学博士生导师陈勤建、中国民俗学会顾问叶大兵等就各自的研究领域进行了实地学术考察。他们对本届蚕花庙

拉丝绵

撒蚕花

会提出的"丝路之源"这一新课题颇有兴趣,认为这本身就很有意义。

2004年

4月3日上午,举行蚕花娘娘大巡游活动。下午,"丝路之源"新市蚕花庙会隆重开幕,外交部部长助理沈国放应邀出席开幕式。与往届蚕花庙会由德清人自导自演的形式有所不同,本届特邀一千余名杭州市民来新市"轧蚕花",让外地普通百姓大规模参与新市传统喜庆节日活动。千余名退休的杭州大伯大妈们是主办单位委托杭州大厦旅行社特别邀请组织的。一大早,他们分乘二十五辆旅游大巴提前赶到新市,参与新市蚕花庙会开幕式活动并观看文艺演出。在特地为他们举行的有奖

河上花河

桑叶龙舞

"轧蚕花"活动中，有六位老人家幸运获奖。他们对新市水乡一条街、千年古刹觉海寺、明清古建筑、纵横交叉的小巷以及电影《林家铺子》、《蚕花姑娘》的拍摄景点等颇感新鲜。在参观古镇小吃一条街时，主办方还让每位大伯大妈免费品尝十五种新市风味小吃。

2005年

4月5日上午，新市蚕花庙会以蚕娘贺春拉开了序幕。伴随阵阵欢乐的笑声，来自全县蚕桑习俗底蕴深厚的七个乡镇的花轿巡游队献艺街头。一路鼓点、一路歌舞，道路两侧的蚕农和群众，争抢着蚕花娘娘撒下的象征养蚕丰收的蚕花。本届蚕花庙会贯穿"春"的主题，活动内容有"蚕娘娘贺春"花轿大巡游、"金鸡唱春"戏曲演唱会、"长廊揽春"有奖猜灯谜、"湖滨闹春"杂技类表演、

选蚕娘

敲绵兜比赛

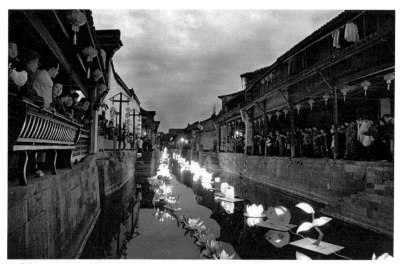

放花灯

"古镇春韵"书画摄影展、"春燕展翅"交谊舞大赛、"春来古刹"觉海寺佛事观赏、"春色满园"商品交易会、"人勤春早"蚕桑技术咨询,庙会活动设计简略,让更多群众参与,更侧重群众性文化。除全县蚕桑产区花轿联队、舞龙队、流星队、盘鼓队、秧歌队、大头娃娃队游行外,还有杂技、猜灯谜、评弹戏曲、千人舞会、农技咨询等活动。用更贴近群众的丰富的节目,营造江南蚕桑文化庙会的气氛,锣鼓喧天,万人空巷。

2006年

4月1日至7日,新市蚕花庙会如期举行。活动内容有蚕娘踏青贺吉祥、轻歌曼舞乐广场、家庭才艺大比拼、蚕乡模特展新姿、流光灯

抢蚕花

展在水上、地方戏曲锣鼓响、文化中心观画廊、觉海佛事香火旺、琳琅满目西城路、科技咨询话蚕桑等十个项目。"流光灯展在水上"在富有水乡韵味的西河口排布各色彩灯。本地老年文体爱好者排演的"蚕乡模特展新姿"节目登台亮相,还有由群众演员主演的《文明花开》和蚕乡模特节也纷纷登台演出。在家庭才艺大比拼活动中,有来自武康、新市等五个乡镇的十一个家庭通过预选赛进入决赛。

2007年

4月5日上午,两支桑叶龙队、蚕桑产区乡镇七顶花轿和盘鼓队等一起,拉开了蚕花庙会的序幕。本届蚕花庙会主题是"逛庙会、轧蚕花,续千年风韵;兴文化、强古镇,创万世和谐"。蚕花鲜花共辉

扭秧歌方队

映，锣鼓喧天齐欢腾。蚕娘大巡游，巡游队伍在锣鼓和音乐伴奏声中，沿新市文昌路、枫洋路、仙潭路、环城东路一路行进。蚕花娘娘所经之处，万人空巷，争睹风采。蚕花片片，从七位蚕娘手中撒落下来，引来围观人群的争抢。稍后的活动有轧蚕花、赛蚕事、祭蚕神、听社戏、看展馆、逛展销、品小吃等。尤为吸引人的是围绕蚕桑文化衍生的系列蚕事活动，在寺前弄、胭脂弄举行撒蚕花、轧蚕花、猜灯谜，在觉海禅寺举行祭蚕神，以及在新市镇中心公园举办背蚕匾、散丝绵等大众蚕俗活动。

2008年

"千年旧韵事，百姓轧新花"。4月2日上午，"丝路之源"新市蚕

评选蚕娘

花庙会隆重开幕。首先是蚕娘迎春游,有五龙(五支桑叶龙队)、六
队(盘鼓队、秧歌队、流星队、舞狮队、腰鼓队、高跷队),各支队伍
分别由荣获发展新市经济金质奖章的企业组队进行巡游,其中七轿
(七个蚕桑产区乡镇花轿队)组成大巡游队伍的核心板块穿行于新
市大街。下午,寺前轧蚕花,举行撒蚕花、轧蚕花、点蚕花等民俗活
动。同时,在镇中心广场进行"蚕农赛蚕事"活动,有拉丝绵、扎蚕毛
草、背蚕娘等蚕事;在觉海寺进行"仲青祭蚕神"焚香祈祷和祭蚕神
仪式。次日,在刘王庙戏台组织百姓听社戏活动,由新市镇京剧队、
越剧队表演传统戏曲节目。庙会突出群众参与主题,展现江南蚕乡
风韵。

抢蚕花

2009年

新市镇于2008年获"中国历史文化名镇"称号,借此机会大力开展古镇旅游推介活动,其中"蚕花姑娘走进中国美术学院、走近德清市民"活动率先启动。3月27日,新市蚕花庙会组委会派"蚕花姑娘"赶赴中国美术学院等高校向高校师生免费发放新市古镇旅游门票,及古镇新市的宣传资料。

撒蚕花

撒蚕花

4月3日上午，"江南千古一绝，新市蚕花庙会"如期举行，本届蚕花庙会有蚕娘花轿大巡游、觉海佛事祭蚕神、蚕农蚕事赛才艺、刘王庙前听社戏、古镇旅游推介会、继往开来图片展等多项活动，广大市民和蚕农乐在其中。

蚕娘在西子湖畔宣传

2010年

4月2日，新市蚕花庙会开幕，来自新市、钟管等七个蚕区乡镇的蚕花娘娘乘坐花轿，从新市镇中学出发，沿文昌路、枫洋路、仙潭路、健康路巡游而来。蚕娘们身着古代服饰，一边在轿中翩翩起舞，一边将蚕花、糖果等向沿街迎候的民众抛撒，引得男女老少争相围观。"抢"到一朵蚕花，预示蚕农今年将获得蚕茧丰收。庙会除了蚕娘花轿大巡游活动外，还有蚕文化博物馆祭蚕神，刘王庙前听社戏，蚕农拉丝绵、敲绵兜、背蚕娘"等蚕事才艺大赛，让为时一周的狂欢活动成为蚕农和市民百姓的快乐好日子。

放河灯

撒蚕花

2011年

近年来，新市镇被授予"中国历史文化名镇"、"全国重点镇"、"全国小城镇综合发展千强镇"、"全国环境优美乡镇"、"省民间艺术之乡"等称号，2003年

祭蚕神

巡游

拉丝绵

被省政府列入杭州湾城市体系规划。随着京杭大运河的"申遗"工作正式启动,以及2010年12月被省政府确定为全省首批小城市培育试点镇,新市的知名度日趋响亮。4月1日,蚕花庙会开幕,凸显"保护非物质文化遗产,传承弘扬蚕文化"这一主题。来自新市中心小学的小讲解员们表演《情系蚕桑》,朗诵蚕诗,表演国家级非物质文化遗产扫蚕花地,祈求今年蚕桑大丰收。来自七个乡镇的蚕花姑娘登台亮相,集体才艺表演。新市镇厚皋村作为新市镇永不谢幕的蚕花庙会,突出"四个一",彰显蚕文化特色:一个蚕文化主题公园、一个以蚕文化为主要内容的和美乡风馆、一条蚕文化长廊、一条蚕文化村道文明线。蚕娘大巡游队伍中还新增老年人自行车队,倡导低碳环保理念。其他活动有刘王庙前听社戏、沪杭市民游古镇、仙潭印象书画展等，把民俗活动与古镇旅游、城镇风貌展示结合起来，创新活动形式，迸发出更大的活力和吸引力。

2012年

4月1日，第十四届新市蚕花庙会隆重开幕，开幕式上，七位来自各个蚕桑区的蚕花娘娘华丽登场展示才艺，祝愿德清蚕桑丰收。德清三中学生以舞蹈《丝路之源》来演绎新市悠久的蚕文化，歌曲《祝福你，新市》传达了千年古镇注重文化传承和追求创新发展的意愿。下午，在镇中心公园举办"蚕农蚕事赛才艺"活动，颇吸人眼球，赛事分散绵兜比赛、拉丝绵比赛和背蚕娘比赛三轮，现场气氛热烈，欢声笑语不断。

本届庙会蚕花娘娘花轿大巡游、科技兴农话蚕桑、蚕文化博物馆祭蚕神、寺前弄里轧蚕花、蚕农蚕事赛才艺、"古镇新文化"文艺晚会等活动吸引了上万群众参与其中，其间还有刘王庙前听社戏、沪杭市民游古镇、"古镇新文化"书画摄影等活动，切实体现了还节与民的办节理念。

舞龙

参考文献

1. 论文《德清"扫蚕花地"》　作者: 徐亚乐

2. 论文《祈蚕歌与蚕桑文化》　作者: 刘旭青

3. 论文《湖州蚕文化》　作者: 张吉林

4. 论文《蚕月祭典》　作者: 李立新

5. 论文《源远流长的蚕文化》　作者: 嵇发根

6. 论文《蚕花与人的一生》　作者: 顾希佳

7. 论文《中国女红文化中的蚕神崇拜情结》　作者: 游红霞

8. 论文《湖州地区民间蚕神故事及蚕神信仰》　作者: 张爱萍

9. 论文《民俗"扫蚕花地"现实价值探析》　作者: 余筱璐

10.《浙江丝绸文化史》　作者: 袁宣萍　徐铮

11.《浙江民俗大观》　浙江省民间文艺家协会选编

12.《德清蚕文化》　德清县政协文史资料第九辑

13.《德清非物质文化遗产大观》　主编: 陈震豪

14.《丝绸之府五千年》　作者: 嵇发根

15.《湖州史话》　作者: 嵇发根

16.《衡庐集》　作者: 陈景超

17. 《中国丝绸艺术史》 作者：赵丰

18. 《中国民族民间舞蹈集成》（浙江卷） 主编：梁中

19. 《湖州市歌谣谚语卷》 作者：钟伟今

20. 《湖州风俗志》 主编：钟伟今

21. 《仙潭文史丛书》 主编：陈永明

22. 《湖州府志》、《德清县志》【清】嘉庆

23. 《仙潭志》、《仙潭续志》、《新市镇志》

24. 《乾元镇志》、《洛舍镇志》、《钟管镇志》

25. 《搜神记》卷十四 作者：【晋】干宝

26. 《农桑经》 作者：【清】蒲松龄

27. 《农桑辑要》 作者：【元】司农司

28. 《湖蚕述注释》 作者：【清】汪日桢

29. 《善农桑衣食撮要》 作者：【元】鲁明善

30. 《终岁蚕织图说·豳风广义》

31. 《御制耕织图》【清】康熙彩绘本

32. 《天工开物图说》 作者：【明】宋应星

后 记

　　德清县为杭嘉湖蚕桑主产区之一，蚕桑生产历史悠久，起源可追溯至距今五千年马家浜文化晚期新石器时代。集众多蚕俗之大成的扫蚕花地民俗，最少也有百余年历史，至今得到可喜的传承与发展，令人欣慰。扫蚕花地歌舞曾入选《中国民族民间舞蹈集成·浙江卷》、《中华舞蹈志》等书籍，从而进一步确立了以德清为杭嘉湖蚕桑主产区扫蚕花地民俗源头的重要历史地位。2008年，德清扫蚕花地蚕习俗被列入第二批国家级非物质文化遗产代表作名录，正是过去社会各界，曾为此付出的辛勤努力所得到的回报。

　　本书分五篇章，前四篇全面梳理了扫蚕花地的起源与发展，蚕花谣与扫蚕花地的不同风格，以及台本、音乐与舞蹈的艺术特征和百年传承谱系等，同时顾及湖州地区蚕文化的流变与发展。第五篇祭祀与蚕俗，收集整理了江南蚕生产地区的蚕神崇拜、各种民间蚕桑生产与生活习俗、养蚕禁忌与民间传说、蚕花剪纸艺术。还特别收录了历年来新市蚕花庙会及轧蚕花等民俗档案资料，客观地展示了德清蚕文化习俗多姿多彩的风貌。

本书在编撰过程中，得到了审稿专家们的悉心指导，德清县委、县政府有关领导十分重视和关心，得到了扫蚕花地项目传承人徐亚乐、娄金连以及吴文贤、阿梁、宣宏、姚海翔、余筱璐等人的大力支持，特在此一并致以衷心感谢！

由于时间和篇幅所限，书中难免有疏漏及不足之处，还望专家和读者批评指正。

德清县文化广电新闻出版局

责任编辑：方　妍
装帧设计：任惠安
责任校对：程翠华
责任印制：朱圣学

装帧顾问：张　望

图书在版编目（ＣＩＰ）数据

德清扫蚕花地 / 费莉萍主编；周江鸿编著. — 杭
州：浙江摄影出版社，2014.1（2023.1重印）
（浙江省非物质文化遗产代表作丛书 / 金兴盛主编）
ISBN 978-7-5514-0488-4

Ⅰ. ①德… Ⅱ. ①费… ②周… Ⅲ. ①蚕桑业－文化－
德清县 Ⅳ. ①S88

中国版本图书馆CIP数据核字（2013）第282949号

德清扫蚕花地

费莉萍　主编　　周江鸿　编著

全国百佳图书出版单位
浙江摄影出版社出版发行
　　　　　地址：杭州市体育场路347号
　　　　　邮编：310006
　　　　　网址：www.photo.zjcb.com
经销：全国新华书店
制版：浙江新华图文制作有限公司
印刷：廊坊市印艺阁数字科技有限公司
开本：960mm×1270mm　　1/32
印张：6.25
2014年1月第1版　　2023年1月第2次印刷
ISBN 978-7-5514-0488-4
定价：50.00元